建筑百科大世界丛书

园林建筑

谢宇　主编

花山文艺出版社

河北·石家庄

图书在版编目（CIP）数据

园林建筑 / 谢宇主编. -- 石家庄 : 花山文艺出版社，2013.4（2022.3重印）
（建筑百科大世界丛书）
ISBN 978-7-5511-0876-8

Ⅰ.①园… Ⅱ.①谢… Ⅲ. ①园林建筑－世界－青年读物②园林建筑－世界－少年读物 Ⅳ.①TU986.4-49

中国版本图书馆CIP数据核字(2013)第080230号

丛 书 名： 建筑百科大世界丛书
书　　名： 园林建筑
主　　编： 谢　宇

责任编辑： 冯　锦
封面设计： 慧敏书装
美术编辑： 胡彤亮
出版发行： 花山文艺出版社（邮政编码：050061）
（河北省石家庄市友谊北大街 330号）
销售热线： 0311-88643221
传　　真： 0311-88643234
印　　刷： 北京一鑫印务有限责任公司
经　　销： 新华书店
开　　本： 880×1230　1/16
印　　张： 10
字　　数： 151千字
版　　次： 2013年5月第1版
2022年3月第2次印刷
书　　号： ISBN 978-7-5511-0876-8
定　　价： 38.00元

编 委 会 名 单

前 言

建筑是指人们用土、石、木、玻璃、钢等一切可以利用的材料，经过建造者的设计和构思，精心建造的构筑物。建筑的目的是获得建筑所形成的能够供人们居住的“空间”，建筑被称作“凝固的音乐”“石头史书”。

在漫长的历史长河中留存下来的建筑不仅具有一种古典美，而且其独特的面貌和特征更让人遥想其曾经的功用和辉煌。不同时期、不同地域的建筑各具特色，我国的古代建筑种类繁多，如宫殿、陵园、寺院、宫观、园林、桥梁、塔刹等；现代建筑则以钢筋混凝土结构为主，并且具有色彩明快、结构简洁、科技含量高等特点。

建筑不仅给了我们生活、居住的空间，还带给了我们美的享受。在对古代建筑进行全面了解的过程中，你还将感受古人的智慧，领略古人的创举。

“建筑百科大世界丛书”分为《宫殿建筑》《楼阁建筑》《民居建筑》《陵墓建筑》《园林建筑》《桥梁建筑》《现代建筑》《建筑趣话》八本。丛书分门别类地对不同时期的不同建筑形式做了详细介绍，比如统一六国的秦始皇所居住的宫殿咸阳宫、隋朝匠人李春设计的赵州桥、古代帝王为自己驾崩后修建的“地下王宫”等，内容丰富，涵盖面广，语言简洁，并且还穿插有大量生动有趣的“小故事”版块，新颖别致。书中的图片都是经过精心筛选的，可以让读者近距离地感受建筑的形态及其所展现出来的魅力。打开书本，展现在你眼前的将是一个神奇与美妙并存的建筑王国！

丛书融科学性、知识性和趣味性于一体，不仅能让读者学到更多的知识，还能培养他们对建筑这门学科的兴趣和认真思考的能力。

丛书编委会

2013年4月

目 录

中国古典园林 …………………………………………………………… 1
古代园林建筑艺术 …………………………………………………… 7
北海、中海、南海 …………………………………………………… 18
颐和园……………………………………………………………………… 20
北京圆明园 ……………………………………………………………… 23
避暑山庄…………………………………………………………………… 25
北京静宜园 ……………………………………………………………… 28
北京建福宫西花园 …………………………………………………… 30
北京故宫宁寿宫花园 ………………………………………………… 31
北京故宫慈宁宫南花园 ……………………………………………… 33
山东潍坊十笏园 ……………………………………………………… 34
山东烟台牟氏庄园 …………………………………………………… 35
济南万竹园 ……………………………………………………………… 36
上海豫园…………………………………………………………………… 37
上海秋霞圃………………………………………………………………… 40
上海醉白池………………………………………………………………… 41
上海古猗园………………………………………………………………… 42
苏州留园 ………………………………………………………………… 43

扬州何园……45
江苏南京煦园……47
江苏南京瞻园……49
苏州网师园……51
苏州狮子林……53
苏州沧浪亭……56
苏州环秀山庄……58
苏州藕园……60
苏州艺圃……62
苏州畅园……64
苏州南北半园……65
苏州五峰园……66
苏州鹤园……68
苏州听枫园……69
苏州东山启园……70
江苏同里退思园……72
江苏赵园……74
江苏燕园……75
江苏常熟曾园……76
江苏无锡寄畅园……78
江苏无锡蠡园……80

浙江杭州郭庄……………………………………………………………………81
浙江海盐绮园……………………………………………………………………82
浙江绍兴沈园……………………………………………………………………83
福建厦门菽庄花园………………………………………………………………85
广州番禺余荫山房 ……………………………………………………………86
广东东莞可园……………………………………………………………………87
广东佛山梁园……………………………………………………………………89
广东顺德清晖园…………………………………………………………………90
广东开平立园……………………………………………………………………92
北京潭柘寺………………………………………………………………………94
北京戒台寺………………………………………………………………………97
北京大觉寺………………………………………………………………………99
北京碧云寺……………………………………………………………………101
北京白云观 ……………………………………………………………………104
崂山太清宫 ……………………………………………………………………107
寒山寺……………………………………………………………………………109
苏州西园寺 ……………………………………………………………………111
安徽九华山祇园寺……………………………………………………………112
武当山……………………………………………………………………………113
浙江灵隐寺……………………………………………………………………115
北京恭王府花园 ……………………………………………………………117

北京故宫御花园 …… 120
北京景山 …… 122
西安华清池 …… 124
苏州拙政园 …… 126
苏州怡园 …… 129
江苏扬州个园 …… 133
瘦西湖 …… 136
南京莫愁湖 …… 139
济南大明湖 …… 142
拉萨罗布林卡 …… 145
杭州西湖 …… 147
绍兴兰亭 …… 149
嘉兴烟雨楼 …… 151

中国古典园林

园林很早就在中国产生了，早在商周时期，古人就已经开始了造园活动。园林最初的形式为囿，仅供帝王和贵族们狩猎和享乐之用。随着历史的发展，园林也不断地在改善和进步。春秋战国时期的园林已经有了成组的风景，既有土山，又有池沼或台。园林的组成要素到这个时期已经基本具备，已经和最初的"囿"有所区别。

魏晋南北朝时期是中国园林发展的一个转折点。佛教的传入及老庄哲学的流行，使园林设计建造转向了崇尚自然。中国的古典园林源于自然，但高于自然，以表现大自然的天然山水景色为主旨，布局自由。所造假山、池沼，浑然

一体，仿佛天成，充分反映了“天人合一”的民族文化特色，体现了一种人与自然和谐统一的宇宙观。

园林在唐宋时期达到了成熟阶段，大多官僚及文人墨客自建园林或参与造园，并将诗与画融入园林的布局和造景中，使园林建筑不再仅仅是工匠的杰作，更是文人的杰作，更加凸显了园林的人文景观。

总的说来中国古典园林共由几大要素构成：筑山、理池、植物、动物、建筑、匾额、楹联与刻石。为表现自然，筑山是造园的最重要的因素之一。如秦汉时期的上林苑，用太液池所挖之土堆成岛，象征着东海神山，开创了人为造山的先例。

中国现存的著名古典园林数量很多，多数是明、清两代的遗物。而中国古典园林的精华则集中在江南。前人有所谓“江南园林甲天下，苏州园林甲江南”的美称。我国建筑界也认为“中国古典园林精华萃于江南，重点则在苏州，大小园墅数量之多、艺术造诣之精，是今天世界上任何地区所少见的”。

形成这一情况的主要原因是，从春秋以来，苏州一直是我国南方的重要城市，它具有物质丰裕、文化发达、山明水秀的优越条件，所以一个好的园林作品，并不是凭空臆造出来的，而是从“乡土”中“生长”出来的，正如“一方水土养一方人，一方水土出一方园林景观”。自晋室南迁以后直至清代，历代贵族官僚不断地在苏州建造供他们享乐的园林。因此，现存的苏州古典园林数量相当可观。在刘敦桢的《苏州古典园林》一书中论述的古典园林就有十五处之多（拙政园、狮子林、留园、沧浪亭、网师园、耦园、怡园、艺圃、环秀山庄、拥翠山庄、鹤园、壶园、畅园、残粒园、王洗马巷某宅庭院）。其中，最为著名的拙政园、留园、狮子林、沧浪亭和网师园，都是全国重

点文物保护单位，更被列为世界文化遗产。此外，在江南其他地方和北方地区，至今也保存着一些著名的古典园林，如北京的颐和园和北海，以及河北承德的避暑山庄，就是北方地区较为代表的古典园林。不论是南方的还是北方的古典园林，不论是封建帝王的皇家宫苑，还是官僚、地主、富商的私家花园，尽管由于地区和园主在政治、经济上所处的地位不相同，而在园林的规模、风格等方面也表现出各自的特点，但是，它们都是为了满足封建统治阶级的享乐生活而建造的，在园林布置和造景的艺术手法上都有许多共同之处。这些共同之处，则构成了具有浓厚的诗情画意的中国古典园林艺术。

从我们欣赏古典园林艺术的角度来讲，下面的一些造园艺术手法，是应当特别加以指出的：

首先，中国古典园林在园景上主要是模仿自然，即用人工的力量来建造自然的景色，能使游赏者触景生情，产生情景交融，达到“虽由人作，宛自天开”的艺术境界。所以，园林中除了有大量的建筑物外，还要凿池开山，栽花种树等，用人工仿照自然山水风景，或利用古代山水画为蓝本，参以诗词的情调，构成许多如诗如画的景。中国古典园林是建筑、园艺、山池、绘画、雕刻以及诗文等多种艺术的综合体。中国古典园林的这一特点，主要是由中国园林的性质决定的。因为不论是皇家苑囿还是私家花园都是以自己欣赏和生活为目的的，且反映出主人的意识和价值取向，或炫耀气势唯我独尊，或夸耀显贵光宗耀祖，或避世取幽修身养性。这些园林的设计和修建无一不是当时统治阶层思想的反映。

其次，中国古典园林因长期受封建社会历史条件的限制，绝大部分是封闭的，即园林的四周都有围墙，景物则藏于园内。而且，除少数皇家宫苑外，园

林的面积一般都比较小。要在一个不大的范围内再现自然山水之美，扩大景物的深度和广度，最重要也是最困难的就是要突破空间的限制，使有限的空间表现出无限且丰富的园景。在这方面，中国古典园林有很高的艺术成就，是中国古典园林的精华所在。

通常，中国古典园林突破空间局限，创造丰富园景的最重要的手法，是通过迂回曲折的布局，用划分景区和空间以及“借景”的方法来实现的。

所谓迂回曲折的布局，是同欧洲一些国家的园林惯用的几何形图案的布局相对而言的。这种迂回曲折的布局，在面积较小的江南私家园林里，表现得尤其突出。它们强调幽深曲折，所谓“景贵乎深，不曲不深”，讲的就是这种手法。例如，在苏州多数园林的入口处，常以假山、小院和漏窗等作为屏障，适当阻隔游客的视线，使人们一进园门只是隐约地看到园景的一角，要几经曲折才能见到园内山池亭阁的全貌。利用空间回旋，道路曲折变幻的手法，使空间的景色渐次展开，连续不断，周而复始，造成景色多而空间丰富，类似观赏中国画的山水长卷一样，有一气呵成之妙，而无一览无余之弊。路径的迂回曲折，更可以增大路程的长度，延长游赏的时间，在心理上扩大了空间感。

至于划分景区和空间的手法，则是通过巧妙地利用山水、花卉、树木、建筑等，把全园划分为若干个景区，景区越多，层次就越多，景野越藏，越容易使空间感觉深远。例如，苏州最大的园林拙政园，全园分中、西、东三个部分，其中中部是全园的精华所在。由梧竹幽居亭沿着水的方向往西望，不仅可以获得最大的景深，而且可以看到三个景物的空间层次：第一层次止于隔水相望的荷风四面亭，其南部是与水相邻的远香阁和南轩，北部为水中的两个小岛，分列着雪香云蔚亭和待霜亭；通过荷风四面亭两面的堤、桥可

以看到第二个层次止于“别有洞天”半亭；而拙政园西面的宜两亭及园林外部的北寺塔，高出矮游廊的上部，形成最远的第三个空间层次。一层远似一层，空间感比实际的距离要深远得多。

至于“借景”的艺术手法，更是中国古典园林突破空间局限、丰富园景的一种传统手法。它是把园林以外或近或远的风景巧妙地“借”到园林中来，让其成为园景的一部分。这种手法在我国古典园林中运用得非常普遍，而且具有很高的艺术成就。例如，北京颐和园的“湖山真意”一景远借西山为背景，近借玉泉山，在夕阳西下，落霞满天的时候欣赏，景象曼妙。承德避暑山庄，借磬锤峰一带山峦的美景。苏州园林各有其独具匠心的借景手法。拙政园西部原为清末张氏补园，与拙政园中部分别为两座园林，但西部假山上设宜两亭，邻借拙政园中部之景，一亭尽收两家春色。留院西部舒啸亭土山一带，近借西园之景，远借虎丘山景色。沧浪亭的看山楼，远借上方山的岚光塔影和山塘街的塔影园，近借虎丘塔，在池中可以清楚地看到虎丘塔的倒影等。中国古典园林的这种“借景”手法，在明朝计成所著《园冶》一书中，总结为五种方法，即“远借、仰借、邻借、俯借和应时而借”。上面提到的一些例子，主要属于“远借”，是借园外之景。“邻借、仰借、俯借、应时而借”，主要指的是园林之内的借景。所谓“邻借”是指园内相隔不远的景物，彼此对景，互相衬托，互相呼应。如颐和园中“知春亭”附近的亭、柳、桥、石等就是互相因借，显得协调而格外优美。“仰借”一般是指园林中的碧空白云、明月繁星等天象。不过，像仰望山峰、瀑布、或苍松劲柏、宏伟壮丽的建筑也可称为“仰借”。如进入北京北海公园的正门，抬头即可仰望出类独秀的白塔。“俯借”则是指如凭栏望湖光倒影、临轩观池鱼游跃等。“应时而借”则指的是善于利用一年四季或一月之间不同的时辰景色的变化——如春天的花草、夏天的树

阴、秋天的红叶、冬日之雪景、早晨的朝霞旭日、傍晚的夕阳余晖……如以精巧幽深见长的苏州网师园，园中的重要景区"殿春簃"就是根据宋人芍药诗里的句子"多谢化工怜寂寞，尚留芍药殿春风"，借春末的芍药花来造景的。

再次，中国古典园林特别善于利用具有浓厚民族风味的各种建筑物，如亭、台、楼、阁、廊、轩、榭、舫、馆、桥等，配合自然的水、石、花、木等组成体现各种情趣的园景。以常见的亭、廊、桥为例，它们所构成的艺术形象和艺术境界都是独具匠心的，都是中国园林建筑艺术中有独特风格和气韵的作品，它们既有一定的实用价值，又作为点缀。如亭，不仅在造型上非常丰富多彩，而且在园林中起着"点景"与"引景"的作用。如苏州西园的湖心亭、拙政园别有洞天半亭、北京北海公园的五龙亭。再如廊，它在园林中间既引导着游客游览的路线，又起着分割空间、组合景物的作用。当人们漫步在北京颐和园的长廊中时，便可饱览昆明湖的美丽景色；而苏州拙政园的水廊，则轻盈婉约，人行其上，犹如凌波微步；苏州怡园的复廊，用花墙分隔，墙上形式各异的漏窗（又称"花窗"或"花墙洞"），使园有界非界，似隔非隔，景中有景，小中有大，变化无穷。这种漏窗在江南古典园林中运用极广，这是古代建筑师们的一个杰出创造。本来比较单调枯燥的墙面，在经过漏窗的装饰后，发生了丰富的变化，那一个个各不相同的漏窗图案在墙面上成了一幅幅精美的装饰纹样，而且通过巧妙地运用一个"漏"字，使园林景色更为生动、灵巧，还增添了无穷的情趣。苏州的西园和狮子林的漏窗都充分地体现了这一特色。至于中国园林中的桥，则更是种类繁多、千姿百态，在世界建筑艺术上大放异彩。最突出的例子就是北京颐和园的十七孔桥、玉带桥。它们以其生动别致的造型，把颐和园的景色装点得楚楚动人。此外，江苏扬州瘦西湖的五亭桥，苏州拙政园的廊桥则又是别样风格，成为这些园林中最引人注目的园景之一。

古代园林建筑艺术

古典园林建筑的起源

中国古典园林，历史悠久，是我国古代劳动人民智慧和创造力的结晶，也是我国古代哲学思想、宗教信仰和文化艺术等的综合反映。在历史上却长期为统治阶级和达官贵人所占有享用，但在历经了漫长的历程之后，今天已经被我们所继承和发展，为我广大人民所享用了。中国传统的园林建筑是世界三大园林建筑体系(另两种是法国式、阿拉伯式）之一，是传统建筑艺术中最具成就的代表，还是世界园林之母，在中国古典建筑文化中占有相当重要的位置，是东方文明中的一朵奇葩。

中国古典园林作为一种建筑体系，首先是源于皇家园林建筑，然后才以辐射的方式走向宗教和民间。

中国园林历史悠久，造园艺术更是源远流长，从有文字记载来看，我国造园应始于商周，其时称之为“囿”，汉起称“苑”。公元前21世纪，商代称供帝王狩猎行乐的园林为“囿”。如周文王的“灵囿”，挖有灵沼，筑有灵台，还蓄养禽兽和鱼类，栽种各种花木，建造宫殿，可称得上真正的园林了。魏晋南北朝时期，士大夫为避战祸，而隐逸江湖，寄情于山水，从此则兴起了追求自然情趣的山水园林。到了唐代，山水园林全面发展，京都长安的禁苑规模宏大，大明宫内挖有“太液池”，堆有“蓬莱仙山”，周围建殿宇长廊，形成内廷园林区。与此同时私家园林也有发展，仅洛阳一地就有千家之多。宋代，园林仿照自然的石堆山和植物栽培术有了很大的发展，其中洛阳园林中用移植和嫁接技术使花木多达千余种。清代，皇家园林以康熙、乾隆时期最为活跃，当时的社会稳定、经济繁荣给建造大规模的写意自然园林提供了有利条件，如承德避暑山庄占地就有530余万平方米；北京的圆明园、畅春园、静明园、静宜园、清漪园，与玉泉山、西山、瓮山并称“三山五园”，外加朗润园、蔚秀园、熙春园、勺园、近春园，形成历史上空前的宫廷园林区。这些园林的特点是平地造园、以水为主、挖湖堆山、错落有致、园中造园，各具特色，建筑多样，极富变化。

中国古代园林特别强调景观别致，意境高雅，自然生动，融中国特有的宗教、哲学、文化和艺术传统于一体。中国园林文化以自然为蓝本，摄取了自然美，又注入了人文(诗人、画家）高雅的审美情趣，使自然美典型化，成为富有意味的园林美。其以天然之地和人工之境(大至五大名岳、四大佛山可谓是巨大的自然园林风景区；中至大型苑圃、皇家园林，如北京的圆明园、颐和园和北海，承德避暑山庄等；小至私家花园，如苏州、杭州、扬州的许多园林；最小时，乃至房前屋后置几片山石，留一洼水池，再植几株花草，也可算是别有园林趣味了，其真可谓是“形式多样”）演绎园林艺术，其中的情趣，就是诗情画意。所采用的空间序列，就是互相借景，自由流畅；按照“巧于因借，精在体宜”的原则，潜心推求成景，组织出丰富而有特殊意味的画面。同时，还模拟自然山水，堆砌山形水系和石块造型，创造出叠石理水的特殊技艺，无论是土丘石山还是池流涧瀑，都能使诗情画意变得深远别致，园林趣味高雅隽永。

中国古代园林讲究借景造园、因地制宜和

“虽由人作，宛自天开”的艺术观，它源于自然，又高于自然；既能反映“天人合一”的“自然精神”，又能突出强调“物我两忘”的“人文意趣”；既能体现“世界宇宙”的客观真理，又张扬了“人类社会”的主观善良；既可以满足人们的生活享受，又可以满足人们欣赏美景的愿望；既能显现自然、恬静、淡泊、含蓄的生活理想；又倡导身处俗间，心觅“出世”的“人间天堂”式的宗教境界。计成的造园专著《园冶》一书开宗明义就讲园林“巧于因借，精在体宜”。“借”，利用环境也；“体宜”，适应环境也。中国古代园林在意境上还讲究崇尚诗情画意和曲折含蓄，“几个楼台游不尽，一条流水乱相缠”。在布局上依山势水，手法上分隔借叠，呈现出一派“世外桃源”。

古代园林建筑的发展

根据中国园林建筑发展路线，我们大致可以把它分为以下几个主要时期：

第一个时期：周、秦、汉“聚物为用”的生成阶段。如西周初年的“灵囿”，主要是供帝王和贵族们狩猎游乐用的。其建筑结构形态为置一处自然之地，将四面围起来，里面有山水、林木和动物。

第二个时期：从三国到南朝的齐梁（220～479）“观物为情”的转折阶段。这一时期的园林重点在池山形态的表述上。“永嘉之变”以后，北方内乱外患，西晋告亡，后在江南建立东晋王朝。文人士大夫和皇室深感江南自然山水之美不胜收，于是就加以人工建设，表现自然之美和情景之美，形成了以自然山水为主的园林形态。

第三个时期：从齐梁至晚唐（479～836）“美物为境”的全盛阶段。这一时期的园林，讲究“形态意

境”，已不再纯粹模仿自然，而开始讲究园林本身的形式美和生活美了。更由于当时山水田园文学以及山水画的发展，园林慢慢注重于诗情画意。

第四个时期：晚唐至北宋（836～1127）“造物为景”的兴旺阶段。其时不但造园，且还有专人研究园林。山水文学的兴起，更加助长了“园林景观”艺术的发展。此时的造园之风大肆盛行，是中国园林的兴旺时期。

第五个时期：南宋至元代（1127～1368）“状物为意”的成熟阶段。这时的园林，推崇“神理兼备”，以追求“出神入化”的“神态意境”而使园林得以“神韵”，这一阶段是中国园林文化最“神奇”的时期。

最后一个时期：明清（1368～1911）“心物为神”的成熟后期阶段。这时的中国园林建造技艺达到了炉火纯青的境界，是中国园林建筑文化的巅峰，集中体现了中国古典园林的精髓。明清园林重在求“神”，讲究人与园、人与自然的内在联系。将园林从自然艺术再现深入到人物内心表现的“意味”中。整个中国园林至此，走过了“功用，怡情，美境，景象，出意，化神”的发展历程。

古代园林建筑的时代特征

中国古代园林发展受历史文化、社会变革的影响，不同时期体现出不同的园林建筑风格。

商周时期的“囿”既有供帝王贵族狩猎、纵乐、养花木、育鸟兽的空间场所，又有观察天象的高台建筑。因此，“囿”更多地体现的是纯自然的野生状态和原始意味。

春秋战国时期，在园林中经营自然山水初见端倪(如吴王夫差的梧桐苑），当时有组织且成主题的风景在园林中显山露水，自然山水成为园林中最重要的核心部分。

秦、汉时期因为国力的强盛，园林工匠日趋技术化，开始出现向大规模园林发展的趋势，规模庞大的皇家宫苑成为当时园林建筑的艺术典型。秦始皇建上林苑，“挖长池、引渭水……筑土为蓬莱山”。有意识的人工造景也成为这一时期园林艺术中的重点思想。除帝王宫苑外，那些官僚贵族、豪门富商的私家花园也在这一时期出现(如东汉大将军梁翼的私家园林），在客观上为园林文化的发展奠定了基础。这一时期应处于我国园林建筑的萌芽期。

魏晋南北朝是中国园林建筑上的一个重要转折点，是我国园林艺术的转折期。此时，它扬弃了秦时期以宫室楼阁为主、禽兽充斥囿中的“宫苑”建园格式，继承了汉时期“一池三山”的传统，开创了山水园林的基本形式。

隋、唐时期的经济得到较快的恢复，生产力得到了空前发展，国家繁荣昌盛，园林建筑艺术承继了汉时的旧制，规模浩大，极尽奢华与博大。在此时皇家园林更是得以蓬勃发展，不仅沿袭了以水为景的造园传统，而且形成“园中园”的新的园林设计艺术。盛唐的富庶又使私家园林和公共园林得以进一步发展，使园林艺术进入了成熟阶段。这一时期，叠石、堆山、理池、造景等成为园林艺术最基本也是最重要的手法，为了追求园林的意境美，更将文学、绘画中所描绘的意境，融入园林的设计和艺术创作中，并开“城是一座园，园是一座城”的“城市园林化”先河。

五代时江南造园风气盛行，尤其以苏

州之地的官僚、富豪的私家园林为最。南汉主刘䶮在广州建南苑药洲，开创了岭南园林的先例。

到了宋代，统治阶级骄奢淫逸、贪图享乐，造园的风气有过之而无不及，而文人雅士意识更渐浓郁，艺术风格更显儒雅，更显人性。园林建筑艺术崇尚山水传神，花木得意，体现出了隐逸超世和寄情山水的意趣。这一时期的园林艺术达到了全盛时期，并且将园林城市的思想继续发扬光大。园林主人已不再是单纯将园林作为隐逸休憩，友朋宴集的场所，而是把它当作创作艺术的天地。

辽金秉承秦汉的仙山神水营建模式，园林之趣不让前朝，当时虽有许多画家(如“元四家”之一的著名画家倪云林等）直接参与造园，但终因民族矛盾与阶级矛盾的激烈残酷，社会经济受到严重影响，再加上北方的自然条件及他们的生活习俗限制了私园的发展，所以这一时期园林发展处于停滞状态。

明朝由于资本主义因素的发展，大江南北的私家园林蓬勃兴起，是我国江南园林硕果累累的黄金时代。在造园上的更加重视“叠石”的运用，园中大都营造出洞、崖、峰、谷，是中国园林建筑向纵、深发展的时期。随着建园技术的日臻完美和建园理论系统的完善，明中叶时在苏州形成一个园林建筑的高潮，园林建筑的布局理念和营造技法都成定式。当时的《园冶》既是中国古园林建筑的指导理论，也是中国古园林建筑的历史总结。

明、清是我国园林建筑艺术集大成的时期，这一时期的园林艺术水平比以前有所提高，文学艺术成了园林艺术的重要组成部分，所建之园处处有画景，处处有画意。其总体布局有些是在自然山水的基础上加以人工改造，有的则是以人工开凿兴建，其建筑大多宏伟浑厚、色彩丰富、富丽堂皇。

清朝是中国历史上建园最多的朝代之一，也是园林建筑最后繁荣兴盛的时期，其时私家园林的营造最为多彩缤纷。清代园林建筑集名园胜景于一体，以集锦式的布局方法，来

构造主题风景，将园林诗意化，把中国的园林艺术推向一个新的高度，形成了中国古园林建筑的三大体系——以北京及其附近的皇家园林与行宫为代表的北方园林体系；以江南私家园林为代表的江南园林体系(在清代形成的江南园林三大体系特点：杭州以湖山胜，苏州以市肆胜，扬州以园林胜）；第三为岭南园林体系。

明、清时期在造园理论上也有了重要的发展，出现了明人计成所著的《园冶》一书，这一著作可以说是明代江南一带造园艺术的总结。该书比较系统地描述了园林中的空间处理、叠石理水、树木花草的配置、园林建筑设计等许多具体的艺术手法。书中所提到的“因地制宜”和“虽由人作，宛自天开”等主张或造园手法，为我国的造园艺术提供了理论基础。

北京作为元、明、清三代的都城，从元朝的元大都到后来易名北京，明、清两代它又是政治文化中心。北京的西郊，自然条件比较好，这里山峦起伏，经历代修建，越发秀美了，林园佛寺点缀其间，早就成了文人贵族宴游咏唱的胜地。

这一时期皇家园林的代表作是“西苑”和“太液池”。明朝天顺年间，北海与中海、南海连在一起，总称“西苑”，成为北京城内最大的风景区。现在的北海共有70多万平方米，其水面占了一半以上，所以视野比较开阔。立于水面南部的琼华岛是三海的重点，它那高耸的白塔，玲珑的山石和各种园林建筑构成了一个整体。

数百年内，北京除了修建过规模宏大的帝王宫苑外，还兴建了不少的宅园，大都以豪华气派为主。其中比较著名的私家园林就有50余处，清朝时期多达100多处。如著名的北京恭王府花园，至今还保存得比较完整。又因为它疑似“大观园”，所以更引起人们的注意。

古代园林的分类

中国园林的分类，从不同角度来看，可以有不同的分法。

（一）按园林的所属性质分

1. 皇家园林

皇家园林是专供帝王休息享乐的园林，有的还有处理政务的功能。普天之下莫非王土，在统治阶级看来，国家的山河都是属于皇家所有。北京的皇家园林在中国园林史上更占有重要的地位。自辽、金时期作为京都以后，就开始了大规模的园林建设。

金代北京曾引西湖水(现在莲花池)，营建了西苑、太液池、同乐园、广乐园、南苑、芳园、北苑等皇家园林，并修建离宫别苑，其中最大的是“万宁宫”，即今天的北海公园。并在郊外建玉泉山芙蓉殿、樱桃沟观花台、香山行宫、玉渊潭钓鱼台、潭柘寺附近的金章宗弹雀处等。“燕京八景”的说法就起源于金代。

元时期，皇家园林以万岁山(今景山)和太液池(北海)为中心扩展。当时将太液池南扩，成为北海、中海和南海三海连贯的水域，在三海沿岸和池中岛上修建殿宇，总称“西苑”。在宫廷内有宫后苑(今故宫御花园)，宫廷外的四面西苑、北果园、东苑、南花园、玉熙宫等，近郊有猎场、上林苑、聚燕台、南海子等。此外，明代还大肆修建祭坛园林，如“圜丘坛”(现天坛)、“方泽坛”(现地坛)、“日坛”“月坛”“先农坛”“社稷坛”等，在这一时期庙宇园林也开始盛行。

清代，北京的园林得以再次发展，有“三山五园”之称的香山的静宜园、玉泉山的静明园、万寿山的畅春园、清漪园、圆明园都是这时所建的。

北京的皇家园林作为中国古典园林的一个重要类型，是世界园林皇冠上一颗闪亮的宝石。

皇家园林的几个特征：

（1）为历朝历代皇帝所建，其规模大、面积广、建设恢宏、色彩浓重，以红黄为主色调，显得皇权的尊贵，尽现帝王气派。如：清代的清漪园规模大，占地近300公顷。

（2）建筑风格多姿多彩，真山真水较多。从中既可看到南方园林小巧的风格（如杭州苏堤六桥，苏州狮子林，镇江宝塔等景色），也可以看见少数民族风格的塔、屋宇结构等的雄风（如北海的藏式白塔），甚至还有吸收欧洲文艺复兴时的西洋景（如圆明园）。

（3）其功能齐全。是集处理政务、看戏、受贺、居住、游园、祈祷以及观赏和狩猎于一体的园林，有的甚至还设“市肆”，以便买卖。

现存的著名皇家园林有：北京的颐和园、中南海、圆明园、北海、静明园(玉泉山）、静宜园(香山）、河北承德的避暑山庄(亦称“热河行宫”或“承德离宫”）等，还有附建在皇宫(紫禁城）内的御花园、慈宁花园、西花园、乾隆花园等。

2．私家园林

私家园林，又称“宅第园”，是供皇亲国戚、王公大臣、富商大贾等休闲享乐的园林。更有些大型的宅园，将居室住宅建于园林之中，称为“园居”，即是居住在园林中意。

私家园林规模较小，常布局以假山假水，建筑小巧玲珑，表现其淡雅素净的一面。

江南的私家园林有以下四个显著特点：

第一，多为士大夫和达官贵族所建，规模较小，但布局精巧。

第二，注重叠石理水。花木种类众多，布局灵活多样。江南气候土壤适合花木的生长。

江南园林按照中国园林的传统，虽以自然为宗，但绝非丛莽一片，漫无章法。植物以常绿的阔叶树为主，间以落叶树等，如桃、海棠等。观景则多采用亭、廊、榭，但以桥、坊石运用较多，与江南水乡所特有的风情相呼应，融为一体。

第三，建筑风格淡雅、朴素，以黑白为主色调。江南园林以淡雅为主。其布局自由，建筑朴素，厅堂安排随意，结构不拘一格，亭榭廊桥，婉转其间，一反庙堂、宫殿、住宅之拘泥，而以清新洒脱见称。

第四，寓情于景，情景交融，蕴涵诗情画意的文人气息。园林是文人士大夫生活起居和进行文化活动的场所，所以江南园林洋溢着浓郁的书卷气和文墨气。如拙政园的“远香堂”，水中遍植荷花，因荷得名，堂名取自周敦颐《爱莲说》中的“香远益清”。园主借花喻己，表达了其高尚的情操。再如拙政园的“留听阁”，阁前有一平台，两面临池，池中植荷，阁名取自李商隐《宿骆氏亭寄怀崔雍崔衮》诗中“秋阴不散霜飞晚，留得残荷听雨声”的诗意。

现存著名的私家园林有：北京明代画家米万钟所营勺园、漫园、湛园，北京的恭王府花园，高倪所营桂杏农宅园，清李渔所建的半亩园。苏州的拙政风景名胜园林与皇家园林和私家园林不同，它不属于君主或私人专用，而是面向广大群众，带有公共游赏性质的园林。

凡是经过人为艺术加工，具有一定的艺术布局和艺术意境的风景、名胜，都可列为风景名胜园林。风景名胜园林无论是在建筑的体量、尺度或是在景物中所占的位置，都不处于突出位置。其在建筑布局上，主要从点景与观景的需要出发，因景而设，顺应自然。在景区划分的基础上，选好风景点的位置，再

依据这些景点的特点及地形、地貌恰当地给予布局。

（二）按园林所处的地理位置分

1.北方园林

北方园林因地域宽广，所以范围较大，规模也较大；又因大多为都城所在地，多为皇家园林，所以建筑富丽堂皇。又因北方自然气象条件有所局限，河川、湖泊、园石和常绿树木都比较少，植物多以松、柏、槐等为主。风格粗犷，在建筑上用短出檐、琉璃瓦、厚墙身、红黄墙、三交六窗花等，所以秀丽媚美则略显不足。北方园林的代表大多集中于北京、洛阳、西安、开封等地，其中尤以北京为最。

2.江南园林

南方人口较密集，所以园林地域范围小，规模也小；又因气候条件好，常绿树较多，所以园林景致较为细腻、精美。江南园林其特点为淡雅朴素、明媚秀丽、幽深曲折，但究竟面积小，略显紧凑。南方园林的代表大多集中于上海、南京、苏州、杭州、无锡、扬州等地，其中尤以苏州为最。

3.岭南园林

其地处亚热带，树木终年常绿，又多河川，所以造园条件比较好。植物多以木棉、棕榈为主，高大挺拔。其具有江南园林和北方园林两地的特色，同时又带有西方文化的影子，在园林的创新和发展上，具有重要的作用。现存的岭南类型园林，有著名的广东顺德清晖园、番禺的余荫山房和东莞的可园等。

著名的皇家园林

北海、中海、南海

北海、中海、南海位于北京城内故宫和景山的西侧，合称“三海”，明、清时期称为“西苑”。三海形成了一个纵观北京城南北的“袋”行水域。它是我国现存历史悠久、规模宏大、布置精美的宫苑之一。

三海继承了中国古代造园艺术的传统布局：水中有岛，桥堤相连两岸，在岛上及沿岸布置建筑物和景点。

北海位于北京故宫西北，景山西侧，是北京城内风景最优美的前“三海”之首，是我国现存最古老、最完整、最具综合性和代表性的一处中国古代皇家园林，素有人间“仙山琼阁”之美称。这里原是辽、金、元、明和清五个朝代的皇家“离宫御苑”，在清乾隆年间大规模扩建，现存建筑多为那时所建，最初这里是永定河故道，河道自然南迁后留下一片原野和池塘。北海全区可分为团城、琼华岛、北海东岸与北岸四个部分。面积约为68公顷，其中水面约占了39公顷。总观全园的建筑布局，是以白塔为中心，以琼华岛为主体的四面景观。琼华岛是全园的中心，岛上以藏式白塔为全园标志。东部以佛教建筑为主，永安寺、正觉殿和白塔，自下而上，高低错落；西部以悦心殿和庆霄楼等系列建筑为主，另有漪澜堂、阅古楼、双虹榭和许多假山隧洞、曲径、回廊等。

中海主要由紫光阁、蕉园和水云榭三大景物构成。水云榭原为元代太液池中的墀天台旧址，直到现在还保留有清乾隆帝所题“燕京八景”之一的“太液秋风”碑石。中海的“水云榭”，南海的“瀛台”，连同北海的琼华岛，构成“三海”中的“三神山”。中海的主要殿宇包括勤政殿，是慈禧当年处理政务之所，与瀛台岛隔水相望。慈禧曾经在这里铺了一条轻便的铁路通往静心斋。在勤政殿西面的是结秀亭，亭西为丰泽园，园外有数亩稻田，是皇帝演耕的地方；园内有澄怀堂、颐年堂和菊香书屋，颐年堂西面有居仁堂、春耦斋、植秀轩等。丰泽园西为一静谷，是一处非常幽静的园中之园，园内屏山镜水，云岩毓秀，曲径通幽。

南海的主要景物有瀛台，台上为一组假山廊榭和殿阁亭台所组成的水岛景区。其主要的建筑物有涵元殿、翔鸾阁、藻韵楼、香依殿、迎薰亭、待月轩等。瀛台岛在顺治、康熙年间都曾大规模的修建，为帝后们避暑之地，也是康熙皇帝看烟火、垂钓、赐宴王公宗室等活动的场所。“瀛台”取自传说中的东海仙岛瀛洲，寓意人间仙境。岛上的建筑物布局轴线对称，其主要建筑都在轴线上，自北向南有翔鸾阁、涵元门、涵元殿、蓬莱阁、香依殿、迎薰亭等景。与东西走向的景星殿、祥辉楼和庆云殿等共同组成了三重封闭的庭院。沿瀛台岛又点缀了许多建筑：东面有随安室、补桐书屋、倚丹轩、镜光亭等；西面有八音克谐亭、长春书屋以及怀抱爽亭等。宝月楼与瀛台隔海相望，袁世凯窃政时曾改为新华门。在南海的东北隅有韵古堂，即“瀛洲在望”。堂东有流杯亭立于池中，昔日还有飞泉瀑布落入池中，乾隆帝题有“流水音”匾；亭内地面上凿有沿袭古代“曲水流觞”习俗的流水九曲等。

颐和园

颐和园，原名“清漪园”，始建于公元1750年，位于北京西北郊，1860年被英法联军焚毁。1888年，慈禧太后又挪用海军经费3000万两白银重建，改称“颐和园”，其名为“颐养冲和”之意，作为消夏游乐地，是我国现存最完整且规模最大的一座皇家园林。现在的颐和园是万寿山和昆明湖的总称，总面积约为290公顷。

颐和园是以杭州西湖为蓝本的，汲取了江南园林的设计和意境而修建的一座天然园林。全园共分为三部分：一是以仁寿宫为中心的政治活动区，是慈禧太后和光绪皇帝处理政务、会见群臣和使节的地方；二是以万寿山为中心的游览区，其分为前山、昆明湖和后山三部分；三是以乐寿堂、宜芸馆和玉澜堂等

庭院为代表的生活居住区，全园共计有各式各样的宫殿园林建筑3000余间，长廊728米，彩画8000多幅。

颐和园的布局和谐，浑然一体。排云门、排云殿、德辉殿、佛香阁、智慧海等建筑在60米高的万寿山前山的中央，纵向自低而高排列着，依山而立，步步上升，气派宏伟。全园的中心线以高大的佛香阁为主体。沿昆明湖北岸横向而建的长廊，有728米长，共273间，像一条彩带横搭在万寿山前，连接着东面前山建筑群。长廊中有精美图画14000多幅，素有“画廊”之美誉。位于颐和园东北角、万寿山东麓的“谐趣园”，则具有浓厚的江南园林特色，被誉为“园中之园”。

昆明湖占全园总面积的四分之三，湖水碧绿清澈，景色宜人。在广阔的湖面上，点缀着三个小岛，其主要景物由西堤、东堤、西堤六桥、南湖岛和十七孔桥等构成。湖岸建有知春亭、廓如亭和凤凰墩等秀美建筑，其园中著名的水上建筑“清晏舫(石坊）”位于湖西北岸，中西合璧，精巧华丽。后山后湖，到处是松林曲径，小桥流水，景色幽雅，林茂竹青，风格与前山不同。山脚下曲折蜿蜒的苏州河，时狭时阔，颇具江南水乡特色。多宝琉璃塔建在岸边的树丛中。在后山还有一座仿西藏建筑——香岩宗印之阁，其造型奇特。苏州街原为宫内的民间买卖街。颐和园，拥山抱水，绚丽多姿，体现了我国造园艺术高超的水平。

颐和园于1998年被联合国教科文组织列入《世界文化遗产名录》。

小故事

相传颐和园由清代宫廷建筑设计师“样式雷”所设计。当时乾隆帝出题要求此园的整体构思要符合“四时占全，福寿满园，天星落凡和水陆龙安”的旨意。“样式雷”便以象征春夏秋冬四季的留佳、寄澜、秋水、清遥四座八角重檐的亭子作答；昆明湖外形像一个硕大的寿桃，东堤种桃，西堤则插柳，桃柳迎春；而南湖岛则像一只千年大寿龟，十七孔桥是龟的脖子，廓如亭则是昂起的龟头，岛西面的小码头是龟尾；万寿山为一只巨大的蝙蝠，取“蝠”与“福”的谐音，“云辉玉宇”牌楼和“排云殿”则宛如蝙蝠的头，东西长廊形成了展开的双翼。湖水经“绣漪桥”南接长河，河桥相映，意寓福寿绵长。“样式雷”又在昆明湖东岸置铜牛以象征着牵牛星，在西岸建“耕织园”以象征着织女星，而昆明湖又恰似浩瀚的天河。所谓的“水陆龙安”，是指南湖岛上立龙王庙以保湖水世界的太平。万寿山与昆明湖衔接处建弯曲延伸的长廊宛若陆地卧龙，以应“水陆龙安”之命。

颐和园湖山秀丽，殿阁峥嵘。集中了优美的自然景色，以及丰富多彩的建筑和杰出的园林艺术，充分体现了我国劳动人民高度的智慧和无穷的创造力。

北京圆明园

圆明园是北方一座大型皇家园林，坐落于北京西郊，与颐和园相毗邻。是北京有名的“三山五园”之一。全园从康熙十八年（1679）开始，先后历经雍正、乾隆、嘉庆共100多年，才基本建成。圆明园曾是康熙皇帝赐给皇四子胤禛（雍正）的“赐园”。1722年雍正即位后，又依照紫禁城的格局，大规模建设。到了乾隆年间，清朝国力鼎盛，是圆明园建设的高潮时期，以倾国之力、空前的规模扩建圆明园，后又经嘉庆、道光、咸丰年间的续建，5个皇帝役使无数能工巧匠，费银亿万先后经过151年将其建造经营而成。圆明园曾以其杰出的造园艺术，宏大的地域规模，丰富的文化收藏和精美的建筑闻名于世。其盛名传至欧洲，被誉为“世界园林的典范”“万园之园”。它的特点是在平地上造园，这是极少见的，它标志着我国封建社会后期园林史上的一个高峰。

圆明园的陆上面积和故宫差不多大，水域的面积又相当于一个颐和园，

它汇集了当时江南若干名园胜景的特点。圆明园主要是为了供皇帝避暑、休息、游乐和居住的，同时还在园子里处理朝政和进行各种政治活动，所以园里分别有“外朝”与“内寝”的宫廷区。圆明园的南部为外朝区，其余部分则分布着40个景区，其中50多处经典直接模仿外地的名园胜景，像西湖十景等。

圆明园占地约200万平方米，包括绮春园、长春园和圆明园三个园子，统称“圆明园”。圆明园景区，是全园最大的景区，共有景点60多处，包括舍卫城，里面还有很多佛像。舍卫城是仿乔萨罗国（印度古国名，佛教圣地）都城而建的。这里有占全园一半以上的景点，景点大多分布在后湖和福海周围。长春园是建筑群，它有30多处景点，每个景点都很有特色。绮春园也为建筑群，它有20多个景点，面积也是三个园中最小的。

圆明园中对山的运用很有特色，其中堆山占全园的三分之一。人工堆山不能堆得太高，否则工程过大。其中最高的山才15米。山大部分都是圆润的，没有一个险峰，基本上都是挖湖堆土而成的。这也是平地造园工程量大的一个具体表现。圆明园的水主要是引自玉泉山之水，水占了全园的一半以上，故有水景园之称。水由大水面、中水面和小水面三种相结合。大水面约计600平方米，以“福海”为代表，中、小水面约计200平方米，有“后湖”，河道将水系连接起来。

圆明园的建筑采取大分散、小集中的布局方式，以建筑群为中心，再结合地貌环境，构成风景。其中的小园为“园中之园”，用墙隔开，各园自成一体，其风景点为一种单座房屋景致；建筑组群则是由许多亭、楼、台、阁所组合成一体的建筑。无论是从平面来看，还是从外观来看，圆明园的建筑都有着丰富的变化。

1860年英法联军进攻北京时，于当年10月6日占领圆明园，侵略者用了15天的时间抢劫园内的文物与珍宝，然后放火焚烧，本想把三园全部烧光，但是由于面积太大，不能烧尽，但神话和奇迹般的圆明园还是成为废墟了，只剩断垣残壁，供人凭吊。

避暑山庄

避暑山庄，又名“热河行宫”“承德离宫”，坐落在今河北省承德市区北部的狭长谷地上，始建于康熙四十二年（1703），在康熙四十七年（1708）初具规模。雍正时代曾一度暂停营建，乾隆六年至五十七年又继续修建，增加了乾隆三十六景和外八庙。建成后，清朝历代皇帝夏季都会到此避暑和处理政务，这里也成为第二政治中心。避暑山庄是中国现存占地最大的古代离宫别苑。

避暑山庄的布局采用的是“前宫后苑”的传统手法。分宫殿区、平原区、湖泊区、山峦区四大部分。宫殿区是皇帝处理朝政、举行庆典以及生活起居的地方，位于山庄南端，湖泊南岸，地形平坦，占地约10万平方米。宫室建筑林立，布局严整，是紫禁城的缩影。其包括正宫、东宫、松鹤斋和万壑松风四组建筑群。正宫在宫殿区的西侧，是皇帝处理政务和居住的主要场所。按照“前朝后寝”的格局，由九进院落组成，建筑外形简朴，装修淡雅。其主殿“澹泊敬诚”，全部由名贵楠木建成，素身烫蜡，雕刻极其精美。正宫的建筑基座低矮，梁枋不施彩画，屋顶也不用琉璃。庭院的大小、回廊的高低、山石的配置和树木的种植，都使人感到格外亲切，与京城庄严、巍峨、豪华的宫殿大不相

同。正宫之东是松鹤斋，由七进院落组成，庭中环境清幽，古松耸峙。位于松鹤斋之北的万壑松风，是乾隆幼时读书之所，布置着六幢大小不同的建筑，其富于南方园林建筑特色，都以回廊相连。东宫在松鹤斋之东，已毁于大火，除了“卷阿胜境”殿已修复外，其余的仅存基址。

湖泊区在宫殿区的北面，湖泊区的面积包括州岛共约占43公顷。8个小岛屿将湖面分割成大小不同的各个区域，洲岛错落，层次鲜明，碧波荡漾，富有江南水乡的特色。东北角的清泉，即著名的“热河泉”。平原区位于湖区北面的山脚下，地势开阔，有万树园和试马埭，平原区西部绿草如茵，一派草原风光；东部则古木参天，具有大兴安岭莽莽森林之景象。山庄的西北部为山峦区，面积约占全园的4/5，这里沟壑纵横，山峦起伏，其间点缀着众多的楼堂殿阁和寺庙。整个山庄西北多山，东南多水，简直是中国自然地貌的缩影。

在避暑山庄东面和北面的山麓，分列着宏伟壮观的寺庙群，这就是“外八庙”，其名称分别为：溥仁寺、普乐寺、溥善寺（已毁）、普宁寺、安远庙、普陀宗乘之庙、须弥福寺之庙和殊像寺。“外八庙”是以汉式宫殿建筑为基调的，又吸收了蒙、维、藏等民族建筑艺术的特征，创造出了中国的多样统一的寺庙建筑风格。

山庄因山就势，整体布局巧用地形，分区明确，景色丰富，充分利用了原有的自然山水景观，与其他园林相比，有其独特的一面。山庄的建筑既有南方园林的风格、结构与工程做法，又多沿袭北方常用的手法，成了南北建筑艺术完美结合的典范。避暑山庄不同于其他的皇家园林，它是皇家园林与寺庙建筑的结晶，它成为与私园并称的两大园林体系中帝王宫苑体系的典范。它实现了宫与苑的完美结合，实现了理朝听政与游憩娱乐功能上的统一。

避暑山庄这座清王朝的夏季行宫，以多种传统的手法，营造了120多组建筑，融江南水乡和北方草原之特色，成为中国皇家园林艺术荟萃的典范。

避暑山庄1994年被联合国教科文组织列入《世界文化遗产名录》。

小故事

相传，有一年康熙皇帝带领文武百官到木兰围场打猎习武，走到喀喇河屯时天色已晚，于是，便住了下来。次日清晨，他便带领着众大臣和随侍官兵顺着滦河御道到处搜寻猎物。忽然，道旁草丛中闪出一只毛茸茸的大白兔。康熙连发数箭，却无一得中，遂一怒之下，便提缰催马，紧追不舍。追到一条小溪旁，大白兔突然不见了。康熙皇帝勒马环视四周，只见这儿溪水淙淙，在溪水之头还有清泉喷涌。下马查看，原来是一眼热气腾腾的温泉。再往远处看，西北两面的山上，林木苍郁，古树参天，南山顶恰似一尊罗汉面北袒坐；东山上则有一个如槌似棒的石峰直冲云天；脚下更是一片绿草如茵的大平原。他越看越喜欢，连连称道：“此乃宝地，宝地也！”又对随行的大臣和兵丁说：“得遇此宝地，不负朕苦苦奔波一程，朕决意在此修建行宫！”话音刚落，就见眼前一道白光，适才不见了的大白兔出现在他眼前。再仔细一看，大白兔居然又不见了，他这才知道是神仙特意引自己来相看这块宝地的。

著名的私家园林

北京静宜园

静宜园位于北京西北郊的香山，是清代以山林为主的一座行宫御苑。全园的结构是沿山坡而下，为一座完全的山地园。金大定二十六年（1186）建香山寺，清康熙年间（662～1722）就在香山寺及其附近建成“香山行宫”。乾隆十年（1745）再加以扩建，翌年竣工，改名为“静宜园”。这座以山林为主，景点分散于山野丘壑之间、具有浓郁的山林野趣的大型园林包括内垣、外垣和别垣三部分，占地约153公顷。其主要景点和建筑包括宫廷区和古刹香山寺以及洪光寺两座大型寺庙，其间则散布着璎珞岩等自然景观。

园内的大小建筑群共50多处，经乾隆皇帝命名题署的就有“二十八景”。内垣接近山麓，自勤政殿至雨香馆，共二十景，为园内主要建筑荟萃之地，各种类型的建筑物如勤政殿、绿云舫、丽瞩楼、翠微亭、虚朗斋等，都依山就势，成为天然风景的点缀。内垣的西北区有成片的黄栌，每至深秋，层林尽染，西山红叶成了静宜园的重要景点。外垣为香山的高山区，面积广阔，其间散布

着十五处景点，大多都是欣赏自然风光之最佳处或因景而构的小园林建筑。外垣的“西山晴雪”是著名的燕京八景之一。别垣是在静宜园北部的一区，包括有昭庙和正凝堂两处较大的建筑。静宜园于清咸丰十年（1860）和光绪二十六年（1900）两次遭受外国侵略军的破坏、焚掠之后，如此秀美的一座皇家园林，原有的建筑物除了见心斋和昭庙外，都已荡然无存。但是它的奇松古树和山石泉水所构成的自然景观，是侵略者所掠夺不走的，仍然美不胜收。

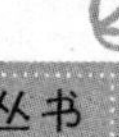

北京建福宫西花园

建福宫西花园位于故宫内廷西六宫的西北侧，建于清乾隆五年（1740），为帝后休憩、娱乐的场所。该花园地处内廷西侧，也称“西花园”，东为重华宫，南是建福宫，西、北两面邻接宫墙，其原址为明代的乾西四所和五所。因其主体建筑为建福宫，所以称其为“建福宫花园”。建福宫花园坐北朝南，东西长约67米，南北长约64米，占地面积达3850平方米。

建福宫的布局，和“御花园”与“慈宁宫花园”那种平衡对称不同，它有江南园林的趣味，它以延春阁为中心，周围散布有碧琳馆、敬胜斋和凝晖堂等建筑。它们大小不同，高低错落，内以游廊相接，并配有山石树木，虚实得当，其堪称融皇家园林与江南园林艺术特色于一体的佳作。

建福宫为一个南北狭长的院落，园内的主体院落为静怡轩和慧曜楼等，甚为封闭和安谧。西边以延春阁为主体，倚宫墙建有敬胜斋、碧琳馆、吉云楼、凝晖堂和妙莲华室。它们这些富华、艳丽的建筑不仅遮蔽了平直的宫墙，而且在一片楼宇、花廊纵横的空间里衬托出了延春阁的高耸和宏伟。延春阁往南边，叠石成山，岩洞磴道，幽邃曲折，古木葱郁，饶有林岚佳趣。

乾隆皇帝对建福宫情有独钟，不仅为其创作了大量的诗赋，并将众多自己喜爱的珍宝玩物都存放于此，后来在兴建乾隆花园时，还下令以建福宫花园作为蓝本，加以仿制。可惜后来在宣统皇帝溥仪搬出紫禁城的前夕，花园遭焚，仅剩下了蕙风亭以及一片山石瓦砾。

北京故宫宁寿宫花园

宁寿宫花园（后称“乾隆花园”）位于北京故宫宁寿宫区的西北角，南北长160米，东西宽37米，占地面积达5920平方米，建于乾隆三十六年到四十一年（1771～1776），是由乾隆皇帝直接指挥兴建的，共用六年时间才完成。花园融汇了皇家园林与私家花园的特色，其建筑布局精巧，组合得体，为宫廷花园的典范之作。花园分为四进院落，结构灵活、紧凑，空间转换，曲直相间，气氛各异。园内的主体建筑古华轩，坐北居中，与山石亭台，构成了一个自然院落。西面的禊赏亭，在抱厦中设“流杯渠”，是仿王羲之兰亭的曲水流觞，颇有雅趣。遂初堂是典型的三合院。垂花门内，仅立几块湖石作为景，环境别致且幽雅。粹赏楼为卷棚歇山顶的两层楼，满院的山石，耸秀亭居高临下，秀丽挺拔。三友轩深藏山坞。花园中的主要建筑物有旭辉亭、古华轩、遂初堂、抑斋、竹香馆、延趣楼、萃赏楼、耸秀亭、三友轩、碧螺亭、玉粹轩、符望阁以及倦勤斋等。园内共有建筑物20多座，类型丰富，因地制宜，大小相衬，在平面和立面上都采用了非对称的处理，这在制度严谨的禁宫之中，尤其显得灵巧和新颖。

园内最为崇高、华美的就是符望阁，它以整座山石围其前院，又用庑廊联系阁后斋馆，形成不同的景致和趣味。符望阁前山主峰上有碧螺亭，是个形状别致五柱五脊梅花形的小亭，图案全为梅花组成，色彩丰富，是极少见的亭式建筑。

花园内的楼堂阁轩，不但在外形上富丽堂皇，在室内装修上也极为讲究。花罩隔扇都用了镂雕和镶嵌工艺。符望阁内的装修以掐丝珐琅为主，粹赏楼的嵌画珐琅，延趣楼的嵌瓷片，都有很高的工艺水准。三友轩内的月亮门以竹编为地，紫藤雕梅，染玉作梅花和竹叶，象征着岁寒三友。倦勤斋的装修更为精致，挂檐以竹丝编嵌，镶玉件，四周群板雕有百鹿图，隔扇心用双面透绣，处处精工细琢，令人叹为观止。

宁寿宫与宁寿宫花园是清王朝入主紫禁城后对故宫改建的规模最大也是等级最高的宫苑。整座花园既有私家园林玲珑秀巧的风貌，又与皇宫华贵富丽的氛围相协调。总而言之，它同圆明园一样经历了康熙、乾隆两位皇帝的营造，使它不论是在古典园林的营造艺术境界上还是在营造艺术的水平上，都达到了令人难以企及的极致。

北京故宫慈宁宫南花园

慈宁宫南花园位于内廷外路慈宁宫西南，始建于明代，是明清时期太皇太后、皇太后以及皇太妃嫔们游憩和礼佛之处。清乾隆三十四年（1769）进行大规模改建。花园南北长约130米，东西宽约50米，总面积约为6800平方米。

花园的入口览胜门设在东墙，叠有山石，起了“开门见山”的障景作用。山石之后的花坛上万紫千红，衬映出了跨池而建的临溪亭。池亭的周围，又有延寿堂、含清斋和东西配房相向而立，使临溪亭自然而然地成了花园南部的观赏中心。与临溪亭相对的咸若馆，为全园的主体建筑，馆北有慈荫楼，东厢为宝相楼，西厢是吉云楼，围成半封闭的三合院形式。

慈宁宫花园由于受到礼法、宗教和风水等诸多因素的制约，园内建筑布置规整，主次相辅，左右对称，靠其精巧的装修和周围的水池和山石，烘托出浓厚的园林气氛，园内的梧桐、银杏和松柏等花树，春华秋实，晨昏四季，各有不同的情趣。

山东潍坊十笏园

十笏园位于山东省潍坊市胡家牌坊街，今旧城的北部，总建筑面积约为2000平方米。因十笏园占地非常少，时人喻之为“十个笏板”，清末状元曹鸿勋题名为“十笏园”。在明清之际此园原为乡绅邸宅，清光绪十一年（1885）为丁善宝所购，改建为私人花园，称“丁家花园”。丁善宝喜诗爱画，尤善古代园林。其在仅有的2000余平方米内建有楼、亭、台、榭、书斋、客房等，均以曲桥、回廊连接，其间点缀鱼池假山，小巧玲珑，匀称紧凑。园中建有曲桥回廊、假山池塘、亭榭书房等共34处，房间67间，紧凑但一点儿也不显拥挤，十笏园集中国南北园林之美于一体，是中国北方地区具有江南园林小巧玲珑特色的园林之一。虽出人工，宛如自然，且毫无矫揉造作之意。

山东烟台牟氏庄园

牟氏庄园坐落于山东省栖霞市城北的古镇都村，是中国北方地区保存最完整、规模最大、最具典型特征的封建地主庄园。它始建于清雍正年间，经过清代北方头号大地主牟墨林及其后世子孙不断的扩建，至民国二十四年（1935）形成如今的规模。整个庄园坐北朝南，占地2万多平方米，共分三组，括六院，建有万堂楼厢480多间。前厅、小楼、主楼、北群房和东西厢房，构筑起四至六进院落，群厢或围墙包围四周。院内主体建筑多为二层楼房，屏门和东西两厢与之构成方正的四合院。房舍多用明柱花窗，构体多以油漆彩绘，浮雕图案惟妙惟肖，脊拱神兽栩栩如生。

牟氏庄园集中了建筑史上中国北方民俗建筑的优秀成果，具有极高的艺术价值和历史文化内涵，为国家级重点文物保护单位。

济南万竹园

万竹园坐落于济南市趵突泉公园内，面积为14000平方米，因园中多竹而得名。是一座兼南方庭院、北京王府与济南四合院风格为一体的古式庭院。此园始建于元代，明隆庆四年（1570），当朝宰相殷士儋曾归隐于此，易名“通乐园”。清康熙年间，济南诗人王苹在园内筑书室，名“二十四泉草堂”。清末民初，山东督军张怀芝集江南江北之能工巧匠，历时10年重建了这座庭院式住宅，故又名“张家花园”。它历史悠久，环境清幽，颇具“清、静、幽、雅”的隐士风格。

该园有3套院落，13个庭院，共186间房屋，还有五桥四亭一花园及东高泉、望水泉、白云泉等名泉。园中空间环环相扣，庭园一层深似一层，有“庭院深深深几许”的景意。

园内布局讲究，参差错落，结构紧凑。万竹园有“三绝”，为石雕、木雕、砖雕，分别雕于石栏、门楣、门墩、墙面等处，雕刻的细腻逼真、精美雅致。园内还植有修竹、玉兰、翠柏、芭蕉等多种花木。整组建筑玲珑雅致，古朴清幽。

1986年，当代著名写意花鸟画家李苦禅纪念馆设于园内，常年展出李苦禅画作。李苦禅画的竹与竹园两相辉映。

上海豫园

豫园位于上海老城厢东北部，北靠福佑路，东临安仁街，西南与老城隍庙、豫园商城相接。豫园是江南园林艺术的瑰宝之一，始建于明嘉靖三十八年（1559）。它是老城厢仅存的明代园林，原是明代四川布政使潘允端为侍奉其父——明嘉靖年间的尚书潘恩而建造的，取“豫悦老亲”之意，故名“豫园”。

全园占地2万平方米，其中亭轩楼台、山石池沼、大厅堂室应有尽有，一应俱全。花墙小廊，布置得宜，小园曲折迂回，疏密有致。园内有48处景点，如荷花池和大假山、九曲桥、万花楼、会景楼、点春堂、得月楼、玉玲珑等景区。其中“点春堂”建于清道光初年（1820），曾为小刀会起义军的城北指挥部。“玉华堂”是主人的书房，堂内是典雅的明代书房摆设，书房的书案、靠

椅、画案、躺椅等都是明代紫檀木家具的珍品。它前面有三座石峰，中间一座便是被誉为江南三大名石之首的“玉玲珑”，也是豫园的镇园之宝。（它与苏州留园的“瑞云峰”，杭州花圃的“皱云峰”合称为江南园林的三大名石，相传都是宋代花石纲的流散物。）豫园的围墙，上饰有游龙，蜿蜒起伏，把园林分隔成不同的景区，以虚隔做幛景，似隔非隔地把园林丰富的景色显得错落有致，成为豫园内一大特色。

豫园内楼阁参差，湖光潋滟，山石峥嵘，素有“奇秀甲江南”之誉。其设计精巧、布局细腻，以清幽秀丽、玲珑剔透见长，体现明清两代南方园林建筑艺术的风格，是江南古典园林中的一颗璀璨明珠。

“三穗堂”是豫园的主要建筑之一，取名“三穗”，寓有吉祥之意。在

清代曾是上海政治经济的活动中心；文人绅士都在这儿庆贺圣典和“宣讲对谕”。堂内所陈设的家具都是名贵的清代红木。黄石大假山则是现存江南地区最大、最古老、最精美的黄石大假山，由明代叠山高手张南阳堆叠。

万花楼东面的穿云龙墙为豫园之特色。龙头用泥塑成，龙身则以瓦为鳞片，整条龙似欲昂首腾云，穿向云天。

“和煦堂”因面山背水、冬暖夏凉，以“和煦溶溶”而得名。

内园建于清康熙四十八年（1709），原名东园，现为豫园的园中之园，面积不大，但十分精致，亭台楼阁，小桥流水应有尽有，是一个保存较好的清代小园。

“古戏台”建于清光绪十四年（1888），雕梁画栋，藻饰精美，有“江南第一古戏台”之誉；呈穹隆形的藻井，装饰华丽。散布于豫园的许多石雕、砖雕、泥塑、木刻，不仅历史悠久，而且还十分精致。

豫园现为全国文物保护单位。

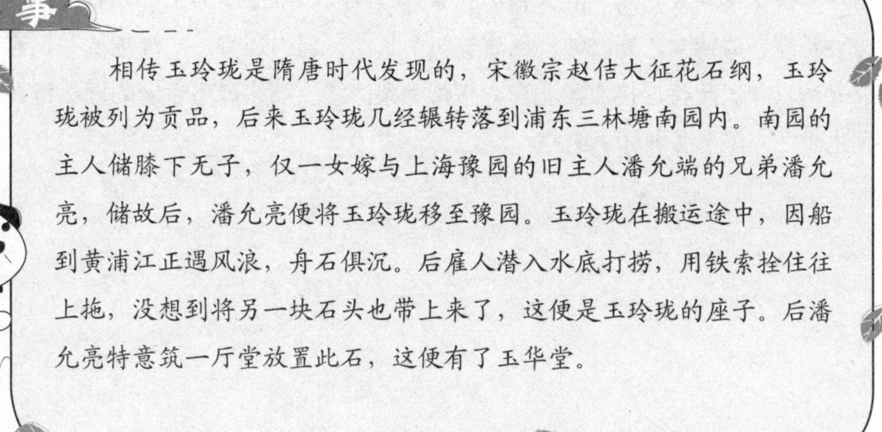

相传玉玲珑是隋唐时代发现的，宋徽宗赵佶大征花石纲，玉玲珑被列为贡品，后来玉玲珑几经辗转落到浦东三林塘南园内。南园的主人储膝下无子，仅一女嫁与上海豫园的旧主人潘允端的兄弟潘允亮，储故后，潘允亮便将玉玲珑移至豫园。玉玲珑在搬运途中，因船到黄浦江正遇风浪，舟石俱沉。后雇人潜入水底打捞，用铁索拴住往上拖，没想到将另一块石头也带上来了，这便是玉玲珑的座子。后潘允亮特意筑一厅堂放置此石，这便有了玉华堂。

上海秋霞圃

秋霞圃位于上海市嘉定区嘉定镇东大街，是一座风格独特的明代园林，始建于明正德、嘉靖年间（1506～1566），是当时工部尚书龚宏的私人花园。现存建筑系同治元年（1862）以后重建的。秋霞圃由明代龚氏园、金氏园、沈氏园和城隍庙合并而成，为上海五大古典园林之一。

园内有寒香室、松风岭、鸟语堤、桃花潭、数雨斋、洒雪廊诸胜景。园内以清水池塘为中心，石山环绕，分桃花潭、清镜堂、凝霞阁、邑庙等四个景区。园内还有一“涉趣桥”，建于公元1921年。此桥连接曲径北岸，横跨幽泉清溪。如此灵巧古老的园林桥在全国也少见，在上海堪称一绝。

上海醉白池

醉白池位于上海市松江区人民南路，始建于明末1644年，为明代画家董其昌在“谷阳园”的基础上扩建，并与当时一批文人雅士觞咏之地。

全园占地5万余平方米，分为内园和外园两部分，内园是原有的，外园是新建的。内园为全园精华所在，其中长廊回环，亭台错落，庭院相接，清泓秀矗。以亭、堂、舫、轩、榭、池为主体建筑群，有池上草堂、四面厅、玉兰院、束鹿苑、雕花厅、卧树轩等十景。园内廊壁和部分庭园里，有许多石刻碑碣，这是此园的特色之一。池南长廊的墙壁上，嵌有石刻《云间邦彦画像》，共二十八块，镌明清代松江府各县乡贤名士百余人之画像，刻画甚工。园内还有古银杏、古樟树，树龄在三四百年，还有牡丹，年龄都在百年以上。醉白池山石清池相映、廊轩曲径相衬，既具有明清时期江南园林的风格，又具有甚多历史古迹、名人游踪。它以水石精舍，古木名花之胜驰名江南。

上海古猗园

古猗园位于上海市嘉定区南翔镇，初建于明嘉靖万历年间（1522~1573），风格近似于苏州的拙政园，占地8万余平方米。园中树石布局均出自江定竹刻名家朱三松之手，取《诗经》“绿竹猗猗”之句，定名“猗园”。

古猗园分为逸野堂、松鹤园、青清园、南翔壁戏鹅池、鸳鸯湖等六个景区，各有不同风貌。古猗园以戏鹅池为中心，西面的白鹤亭建于明代，北面的石舫，又称不系舟。东面有梅花厅，四周种满了梅花，其建筑和厅外花街均采用梅花图案。荷花池中建有宋代的普同塔，雕刻甚美。南厅和微音阁前，各有一座已逾千年历史的石经幢。石舫对岸浮筠阁后是竹枝山。园内布局自然曲折，高堂秀亭，院落重叠，石舫水榭，楼阁长廊，竹径通幽，古树名卉，石径曲水，满是古朴、素雅、清淡、洗练的园艺特色。

苏州留园

留园位于苏州城西阊门外，占地约有3万余平方米，为苏州四大名园之一。原是明嘉靖时太仆寺少卿徐泰时的东园，到清嘉庆时由刘恕改建，称“寒碧山庄”，俗称“刘园”。太平天国之役，苏州诸园多毁于兵燹，而此园独存。光绪初年为盛康所得修葺扩建，改名“留园”。

现在的留园大致可分为中部、东部、西部和北部四个景区，其间以曲廊相连，迂回绵延达700余米。中部以山水为主，为原留园寒碧山庄的基址，是全园的精华所在。东、西、北部为清光绪年间增修的。入园后经两重小院，即可达中部。中部主要建筑有涵碧山房、明瑟楼、远翠阁、绿荫轩、可亭、闻木樨香处、濠濮亭、小蓬莱、曲溪楼和清风池馆等处。中部又分为东、西两区，西区以山水见长，东区则是以建筑为主。东区的中心是五峰仙馆，四周环以还我读书处、汲古得绠处、揖峰轩，以及林泉耆硕之馆、冠云亭、冠云沼和冠云楼等建筑。西区南北为山，中央为池，东南是建筑。假山以土为主，叠以黄石，气势浑厚。山上古树参天，一派山林森郁的景象。由主厅涵碧山房往东是“明瑟楼”，向南为“绿荫轩”。“远翠阁”置于中部的东北角，位于中部西北隅的是“闻木樨香处”。另外，还有“小蓬莱”“可亭”“曲溪楼”“清风池馆”和“濠濮亭”等处。东部的中心为“五峰仙馆”，因梁柱为楠木，所以

也称“楠木厅”。五峰仙馆四周环绕着“揖峰轩”“还我读书处”以及“汲古得绠处”。“揖峰轩”以东的是“林泉耆硕之馆”，其设计精妙、陈设富丽。北面是“冠云亭”“冠云楼”“冠云沼”以及著名的“冠云峰”“端云峰”和“岫云峰”。此三峰为明代旧物，其中冠云峰乃太湖石中之绝品，它齐集太湖石瘦、皱、透、漏四奇于一身，据传说这块奇石还是宋末年花岗石中的遗物。

留园以其结构精巧取胜。花窗设计别出心裁，独具匠心，全园结构严谨，布局紧凑，厅堂宏丽，重门叠户，庭园幽深，移步换景。留园建筑数量较多，其特色之一就是有一条长约700米的长廊，迂回贯穿全园，高低曲折，使人雨天也可游园。园内空间处理之突出，居苏州诸园之首，充分体现了古代造园艺术家的卓越智慧和高超技艺。

留园在1997年被联合国教科文组织列入《世界文化遗产名录》。

扬州何园

何园坐落于江苏省扬州市徐凝门街，也称“寄啸山庄”，原系清乾隆年间双槐园旧址，清同治年间，道台何芷舠在双槐园的旧址上改建成寄啸山庄，光绪初年何芷舠又扩建。何园规模庞大，面积有1.4万余平方米，光建筑面积就达7000余平方米，占全园一半以上，密度极高，反映了清后期园林建筑许多特点。新中国成立后又将原湖南会馆的“棣园”（原来称小方壶，后名驻春园，嘉庆时已有）并入，现为扬州市最大的庭园。

全园大致可分为两区：南部是住宅区，北部是花园。住宅区前后三进，第一进为楠木厅，二三进为二层楼房。楠木厅为宴客之地，极富层次，顶部为单檐歇山，中间三间略高一点，两旁的两间比较低，形成中间高两边低的两个层次。后面的双层楼房，规模宏大，屋宇宽敞，每进之间都有小院，小院中间略植花台，再配以花草，种以树木，以少量花草山石点缀其间，显得即幽静又富有生气。

园中大量集中使用了黄石假山与双层楼屋，表现了当地园林的地方风格，而双层楼廊的采用，亦为他处园林所不多见的。

北部的花园也分为东、西两个部分，一入东部，居于南面的是一片牡丹芍药圃，北面为湖石贴壁的山林，山林皆为太湖石堆成，紧贴着墙壁，又高过墙头，山林沿着北壁折向东，然后再折向北，直通回廊复道，假山贴墙而筑，参差蜿蜒，妙趣横生，共有60多米长，好似一石头的屏障。在远处贴壁山林的前面，为一湾曲水，池中游鱼怡然，山上藤条倒悬，更有山色楼台倩影倒映在水中。

西园才是何园的主体。西园空间开阔，楼台豪华，层次幽深，低层有大水池中的亭；中层有蝴蝶厅、望月楼和桂花厅；高层还有山石凌空。中楼的三间稍突，两侧的两间稍敛，屋角微翘，其形似蝴蝶，故而称为“蝴蝶厅”。楼旁边与复道廊相连，并与假山贯穿分隔，廊壁间有漏窗可互见两边之景色。池东有石桥，与水心亭相通，亭南曲桥抚波，又与平台相连，是纳凉的好地方。何园中的水心亭（有人称为戏台），是巧用水面和环园回廊的回声，为了增强其音响的共鸣效果而建的，是园主人观赏戏曲和歌舞之处。“四面串楼环水抱，几堆假山叹自然。”串楼（回廊，扬州人俗称“串楼”）是何园建筑艺术的最大特色。复廊串楼逶迤曲折，延伸不断。

何园是全国重点文物保护单位，为国家4A级旅游景区，全国首批20个重点公园之一。

江苏南京煦园

煦园位于江苏南京市长江路292号太平天国天王府遗址西侧，也称“西花园”，因做过明成祖朱棣二儿子汉王朱高煦的王府，故称“煦园”。建于清道光年间，距今已有150多年的历史了。煦园全园面积仅为1万余平方米。其建筑精巧，是一座极具特色的古典园林，也是金陵名园之一，与瞻园并称为“金陵两大名园”。煦园小巧秀美，层次分明，虚实相映，为中国园林建筑的代表之作。园内花木扶疏，湖山叠石错落有致，亭台楼阁点缀其间，显得小巧玲珑、秀丽雅静，是一座极富江南特色的园林。

煦园以水景取胜，全园以太平湖为中心，水体呈南北走向，整个水池周长约为1866米，面积约占全园面积的一半还多，周围全部用明代城砖驳岸。在水域四周有南舫北阁遥相呼应，还有东阁西楼隔岸相望，景致自然和谐，堪称园林中的经典之作。水池平面似一个长颈花瓶，瓶口处有漪澜阁屹立水中。园内有不系舟、夕佳楼、鸳鸯亭、忘飞阁等景点。

煦园内花卉点缀、四季飘香、古木参天、蝉鸣雀跃；小桥流水、山湖相映、琼楼玉宇、飞檐翘角，是一座典型的江南山水园林。煦园小巧玲珑，建筑精巧，主要景物有太平湖、漪澜阁、石舫（不系舟）、鸳鸯亭、忘飞阁、桐音馆、花厅、东水榭、夕佳楼和临时大总统办公室以及中山卧室、印心石屋、暖阁遗址、诗碑等。各景点都花木扶疏，秀丽雅静。

假山是我国古代园林建筑中的重要元素之一，进入园内，首先映入眼前的是一座大假山群，由十二生肖石叠合而成。中国北方的皇家园林多体现的是真山真水，而南方的私家园林则往往是以假山假水来体现园林的自然神韵。像这样的大假山，在园林构景中起到了欲露先藏或欲扬先抑的抑景作用，带给人一种渐入佳境的情趣。太平天国领袖洪秀全和辛亥革命领袖孙中山都曾在此园游览和居住过。煦园经过了600多年的时代变迁，集中国近现代史的缩影于一身。现为全国重点文物保护单位。

江苏南京瞻园

瞻园在江苏省南京市城区南部瞻园路208号，又称“太平天国历史博物馆”，曾经是明太祖朱元璋称帝前居住的吴王府，后为中山王徐达的府邸。瞻园坐北朝南，纵深127米，东西宽123米，总面积约为15621平方米。清时改为“藩台衙门花园”，乾隆皇帝南巡时曾题字“瞻望玉堂”，故又名“瞻园”。瞻园也是南京仅存的一组保存完好的明代古典园林建筑群，它与无锡的寄畅园、苏州的拙政园和留园并称为“江南四大名园”。园内山石耸峙，回廊曲折，池水荡漾，瀑布飞泻，有海棠院、玉兰院、妙净堂、花篮厅、四方亭、双曲桥和扇面亭等优美建筑。园北部的假山，已有600多年了，至今仍保存完好。其中的石假山“仙人峰”，相传为宋代“花石纲”遗物。

瞻园是秦淮风光带上一个重要的旅游景点，山、石、水是瞻园的主景。“园以石胜”，成为瞻园的主要特色，仙人峰是瞻园众多名石的代表，瞻园的奇石还有友松石、炸石、步石和缔云峰等，都为江南园林山石之精品。

瞻园分东西两个部分，东部为太平天国历史博物馆，大门在东半部，大门对面有一块太平天国起义浮雕照壁。大门上悬有一大匾，上书“金陵第一园”，字系赵朴初所题。进门正中为一尊洪秀全半身铜像，院中两边排列着20门当年太平天国用过的大炮。二进大厅上有“太平天国历史陈列”匾额，为郭沫若题写，主要陈列的有天父上帝玉玺、忠王金冠、天王皇袍、宝剑、大旗、石槽等300多件文物，总陈列面积约有1200平方米。距今为止，该馆现已收集到太平天国文物1600余件，其中有42件为一级文物。

西半部是一座典型的江南园林，园内的古建筑有花篮厅、一览阁、迎翠轩、致爽轩以及曲折环绕的回廊，这些回廊和建筑把整个瞻园分成了五个小庭院和一个主园。静妙堂位于主园的中部，是全园的中心，三面环水，一面依陆，堂之南北各有一座假山，以溪水相连，时聚时分，水居山前又隔水望山，相映成趣。

小故事

在瞻园静妙堂的东北隅，有一棵巨大的紫藤，苍劲虬曲、枝干则曲着盘着交错缠绕，像蛟龙入海，又似巨蟒翻腾，十分古朴。紫藤又名藤萝或朱藤等，其寿命虽长，但生长极为缓慢，百年以上的紫藤更是极为罕见，所以，南京市内古树名木虽多，但是百年以上的紫藤却极少见。而瞻园内的这株紫藤究竟是何人所栽，栽于明清哪个朝代，已经无法考证了；经园林专家鉴定后，认为其树龄应约在300年左右。据说，每年4月的花期时节，满树蓝紫色花竞相绽放，串串繁英婉垂。自长廊下走过，先是清香扑鼻、继而紫云烂漫，让人流连忘返。而入夏后，满树的枝繁叶茂，并且荚果满枝，坐在树荫下品茶、对弈，清风徐来，真是快活似神仙。

苏州网师园

网师园位于苏州市城区东南部阔家头巷，全园占地约5000余平方米，是我国江南中小型古典园林的代表作。原建于宋代，始称“渔隐”，几经沧桑变更后，至清乾隆年间，定名为“网师园”，并形成现状布局。现在的园林为清乾隆时期重建的。网师园的布局是古代苏州世家宅园相连的典型，都是东宅西园。园以池水为中心，由东部的住宅区、南部的宴乐区、中部的环池区、西部内园的殿春簃以及北部的书房区等五部分组成。园区位于住宅的西侧。园区的南半部分为居住宴聚的小庭院，有蹈和馆、小山丛桂轩和琴室等建筑。北半部则为书房式休憩地，有看松读画轩、五峰书屋、集虚斋、殿春簃等建筑。中部则以水池为主，点缀以花木山石。网师园隐含着主人向往自然、隐居生活的愿望，表现出一种淡泊清静、与世无争的雅趣。全园中住宅占近一半。在如此狭小的天地间，设计者却可以巧夺天工、匠心独运，做到了小中见大、精巧秀雅，成为苏州园林中的佼佼者。

网师园原是苏州城内的一座典型的宅园合一的私家园林，以奇异的造型在苏州众多园林中独树一帜。住宅部分共有三进，自大门至轿厅、万卷堂和撷秀楼，沿中轴线依次展开，主厅“万卷堂”装饰雅致，屋宇高敞。

网师园的主园池区用黄石装饰，其他庭院则用湖石，不相混杂，更突出了以水为中心。池水清澈，环池所建的亭阁也相互错落映衬，疏朗雅

适，廊庑回环，移步换景。古树花草也以古、色、奇、香、雅、姿见著，并与山池、亭阁相映成趣，构成主园的闭合式水院。东面、南面、北面的濯缨水阁、射鸭廊和月到风来亭以及看松读画轩、竹外一枝轩等，集中了春夏秋冬四季景物以及朝午夕晚一日中的景色变化。游园时，以静观为主，宜坐、宜留。绕池一周，可栏前细数游鱼，可亭中待月迎风。峰峦当窗，花影移墙，宛如天然图画，成为“小园极则”。

西部为内园（风园），约占地600余平方米。北侧三间小轩，名“殿春簃（楼阁旁边的小屋，多用来做书斋名）”，旧时以盛植芍药而闻名。“殿春簃”旧为书斋，是明代古朴爽洁之建筑。轩北略置湖石，再配以芭蕉、竹、梅成竹石小景。由红林镶边的长方形窗框成的框景，满目青竹，苍翠挺拔，周围的蜡梅、竹子和奇峰迭起的假山石，仿佛是雅致的国画小品，人在室内，似在室外，富有诗情画意。轩西侧套室原为著名画家张大千及其兄弟张善子的画室“大风堂”。张氏兄弟曾在园中饲养一虎，至今堂南天井西墙还嵌碎石一方，镌刻“先仲兄善子所豢虎儿之墓”。园中庭院假山，采用周边假山布局，东墙峰洞假山则围成弧形的花台，松枫参差。南面的花台曲折蜿蜒，穿插峰石之间，借白粉墙的衬托更富情趣，与“殿春簃”互成对景。花台西南为“涵碧泉”，是一天然泉水。洞容幽深、寒气逼人，与主园大池的水脉贯通，此一眼泉水如蛟龙吐水，使无水的“殿春簃”与网师园以水为中心的主题相呼应，北半亭的“冷泉亭”因“涵碧泉”而得名。亭中置一巨大的灵璧石，形极似展翅欲飞的苍鹰，黝黑光润，叩之铮琮如金玉，属灵璧石中的珍品。在亭中“坐石可品茗，凭栏可观花”，令人颇为赏心悦目。

苏州狮子林

狮子林位于苏州市园林路，始建于元代，为苏州四大名园之一，至今已有650多年的历史了。因园内“林有竹万，竹下多怪石，状如狻猊（狮子）者”，又因为天如禅师维则得法于浙江天目山的狮子岩普应国师中峰，为了纪念佛徒衣钵和师承关系，取佛经中狮子座之意，故名“狮子林”，也叫“师子林”。

狮子林的平面近似长方形，面积约为1万平方米，东南多山，西北多水，四周则高墙峻宇，气象森严。狮子林以湖石著称，假山既精美又多，洞穴岩壑，奇巧盘旋，迂回反复，有“假山王国”之美称。狮子林的假山，气势雄浑，群峰起伏，奇峰怪石，玲珑剔透。大都保留了元代风格，为元代园林的代表作。狮子林假山是中国园林大规模假山的仅存者，具有重要的艺术价值和历史价值。园内四周长廊环绕，花墙漏窗变化繁复，有名家书法碑帖条石珍品70余方，至今享誉世间。园内有立雪堂、燕誉堂、指柏轩、古雪松阁、见

山楼、暗香疏影楼、贝生楼、双仙香馆、荷花厅、问梅阁、真趣亭、扇子亭、飞瀑亭等建筑。

园林的入口原为贝氏宗祠，有硬山厅堂两进，檐高厅深，气氛肃穆。入园，便见玲珑石峰、石笋、丛植牡丹及白玉兰，与“立雪堂”背面的侧窗相和谐统一，使框景更趋完美，同时喻“玉堂富贵”之意。庭院北是主体建筑“鸳鸯厅”，高敞宏丽。南厅为“燕誉堂”，出自《诗经》，名高禄重安闲快乐之意。高敞宏丽的“燕誉堂”为全园主厅。堂屋门上有“入胜”“听香”“通幽”“幽观”“读画”“胜赏”砖刻匾额。北厅为“绿玉青瑶之馆”，其出自元画家倪云林诗中，“绿水”指水，“青瑶”则指假山。北面刻《狮子林图》，寺峰古柏，飞瀑层楼。厅内陈设极其精致华贵。厅内各处互相贯通，布局极为巧妙。厅前有“息庐”和“安隐”砖刻。院内花台、湖石、小树组成一景。穿越小方厅，院中花台上气势雄伟，有九头不同姿态的狮子。峰北院墙漏窗的框形各异，并分别套入琴棋书画图案，流畅明快。往西为指柏轩，是二层阁楼，四周有庑，高爽玲珑。古五松园在指柏轩之西，中间隔一竹园。园里原

有五棵大古松，霜干虬枝，亭亭似盖，所以狮子林曾经叫五松园。

园东南立山，西北多水，全园廊亭相接，以叠山取胜，奇峰林立其中，有吐月、含晖、玄玉和昂霄等峰，而狮子峰为最。假山的面积虽不大，但山下洞壑宛转，上下盘曲，穿越其间，如穿九曲珠，旋绕势嵌空。

园东为三院二厅的一组建筑，即“鸳鸯厅”“燕誉堂”和其后的“小方厅”，原为园主宴客之所。西侧前有“立雪堂”，堂侧有洞门可登假山，山间建修竹阁、卧云室。庭南峰峦起伏，古木交错，绿叶掩映以石峰石笋，庭北则屋宇宏丽，精舍高敞，起到了很好的对比作用。院前为池，临池有见山楼、花篮厅（原为荷花厅）、暗香疏影楼、真趣亭和旱船，高下错落。再往西，是三层叠石的土坡，上有“飞瀑亭”可观赏人工瀑布，自储水池经山石流入深涧。过亭为“问梅阁”可以东眺山池，池中有“湖心亭”和“架曲桥”，全园山水历历在目。

沿廊向南为双香仙馆，西南角有扇面亭，后置小院，点缀竹石小景，异常幽雅。过亭为南廊，廊尽改复廊，墙间遍置各式漏窗，透过漏窗便可隐窥东西两侧之景，然后又经“立雪堂”而出园。

狮子林于2000年12月被联合国教科文组织列入《世界遗产名录》（文化遗产）。

苏州沧浪亭

沧浪亭位于苏州城南的沧浪亭街，是苏州现存最古老的园林，也为苏州四大名园之一。原为五代吴越广陵王的花园。北宋诗人苏舜钦以四万钱购得园址，傍水造亭，取“沧浪之水”词，名“沧浪亭”。元代改为“大云庵”，明时又复建，清朝时又经过两次重建。沧浪亭为世界文化遗产，面积约为11000平方米，为苏州大型园林之一，具有宋代造园风格。浪沧亭造园与众不同，未见园门便看见一泓清水绕于园外，漫步过桥，才能入内。园内的建筑以假山为中心，山上古木参天，林中有“沧浪亭”，其他如观鱼处、面水轩、清香馆、明道堂、五百名贤祠等都建在山的四周，其高低起伏，颇有山林景象。园以清幽古朴见长，富有山林野趣之味。山下凿有水池，池水萦回，轩榭复廊，古亭翼然，古树名木，将内外融为一体，在苏州众多园林中独具一格。

沧浪亭主要景区以山林为核心，山为沧浪亭的中心，山上藤萝蔓挂，古树苍翠，野卉丛生，自然朴素，所谓“水令人远，石令人幽”，登上假山，就好像处于真山野林一般。假山四周环列建筑、亭以及依山起伏的长廊又利用园外的清水，通过复廊上的漏窗渗透，沟通园内的山、园外的水，使水面、假山、池岸和亭榭融成一体。

登上山顶，著名的沧浪亭就在眼前了，它居高临下，飞檐凌空。亭的古雅结构，与整个园林的气氛相互映衬。亭四周古木苍翠。亭上石额“沧浪亭”为俞樾所书。石柱上刻有对联：清风明月本无价，近水远山皆有情。上联取自

欧阳修的《沧浪亭》诗中“清风明月本无价，可惜只卖四万钱”的上句，下联取于苏舜钦《过苏州》诗中“绿杨白鹭俱自得，近水远山皆有情”的下句。上联写沧浪亭的自然景色，下联则赞颂浪沧亭的借景之美。

园中最大的主体建筑是“明道堂”，也是园内的主厅，位于假山东南部，面阔三间。明道堂取“观听无邪，则道以明”的意思。“明道堂”为明、清两代文人讲学之所。堂在假山、古木掩映下，屋内宽敞明亮，庄严肃穆。墙上悬有宋碑石刻拓片三块，分别是天文图，宋舆图以及宋平江图（苏州城市图）。堂南，“印心石层”“瑶华境界”“看山楼”等几处轩亭都各擅其胜。再往北，有馆三间名“翠玲珑”，四周遍植翠竹，取“日光穿竹翠玲珑”之意。

浪沧亭一直以来“修竹为盛”，其种竹历史悠久。现植各种竹20余种。“翠玲珑”馆连贯着几间大小不一的旁室，使小馆曲折，四周绿意，前后芭蕉相互掩映，竹柏交翠，风乍起，则万竿摇空，滴翠匀碧，沁人心脾。五百名贤祠同“翠玲珑”相邻，五百名贤只是取其整数而言，祠中三面墙上分别嵌有与苏州历史有关的人物平雕石像594幅，均为清代名家顾汀舟所刻。每五幅像合刻一石，上面刻四句传赞，从中可知这些古贤的概况，他们是从春秋至清朝约2500年间与苏州历史有关的名士贤达。

园中西南有假山石洞，名“印心石屋”“印心”是佛语，即“心心相印”的意思。山上有名“看山楼”的小楼，登楼可览苏州风光。此外还有“仰止亭”和“御碑亭”等建筑与之映衬。还有观鱼处等著名的建筑。另有石刻34处，共计700多方。

苏州环秀山庄

环秀山庄，俗称“汪义庄”，又名“颐园”。位于苏州景德路（今苏州刺绣博物馆内），宋时为景德寺，本是五代吴越钱氏金谷园旧址，清乾隆时建为私家园林。是以假山为主的一处古典园林，此园为清乾隆时叠山名家戈裕良所建，以山为主，辅以池水，能逼真地模仿自然山水。在有限的空间里，山体仅占一半，却构建出了谷溪、悬崖、石梁、洞室、绝壁、幽径，补秋舫和问泉亭等多种园林建筑能逼真的模拟自然山水，其山势起伏，浑然天成，即可远观，

又宜近赏，且步移景异，变化无常。山虽不高，却如巨石磅礴。主山有两部分，其间有幽谷，荫山全用叠石构成，内构有洞，后山临池水部分为湖石石壁，与前山之间构成洞谷。水上曲桥飞梁，以通便利。北面是“补秋舫”，前临山池，后依小院，附近又浓阴蔽日，峰石巍峨，是为园中幽静所在。环秀山庄凿池引水，而于蹬道与涧流相会处，仰望是一线天，俯瞰为几曲清流，使得水有源，山有脉；山分水，水又分山，水绕山转，山因水活，极富生机。

环秀山庄因假山而闻名。东南隅临池的湖石山，以其雄巨的体积与奇巧的造型居苏州诸园之首。此山于嘉庆十二年（1807）由清代叠山名家戈裕良所建，它逼真地模拟了自然山水，在300余平方米的面积内，将峡谷、曲磴、岩洞、危峰、飞梁、峭壁等巧妙组合，其山势起伏，岩脉石理，浑然天成，既宜近赏，又可远观，且步移景异，变化多端，乃我国假山石中不可多得之佳作。

假山后有一小亭，依山临水，旁有小崖石潭，借“素湍绿潭，四清倒影”之意，故取名“半潭秋水一房山”。在亭中观山，岩崖如画。四周林木清幽，虬干苍枝，饶有野趣。

作为苏州古典园林之一的环秀山庄，于1997年12月被联合国教科文组织列入《世界遗产名录》（文化遗产）。

苏州耦园

藕园位于苏州市内仓街小新巷，原名“涉园”，又名“小郁林”。其三面临水，近似长方形，占地8000平方米，是苏州园林中面积最小的一个。始建于清雍正年间，原为保宁太守陆锦的涉园。同治十三年(1874)，为苏松太道道台沈秉成购得，建成了东西两园。藕园正宅居中，有东、西两个花园，故称“藕园”；两人耕种称为“耦”，其园寓含“夫妇归田隐居”之意，以其独特的造园设计，向人们展示了其奇妙的东方式的“罗曼蒂克”。西花园以“织帘老屋”为中心，东、南、北三面各辅以太湖石假山、参天古木及曲廊；东花园则为耦园的精华所在，布局上也是以黄石假山为主，辅以花木、水池。水池自

北向南伸展，水上架一曲桥，南端有阁跨水而筑，名为“山水阁”。自北侧向南望，“山水阁”仿佛漂在水面上，与水池结合紧密，隔山又与城曲草堂相对，使假山更显高峻。

藕园东临护城河，依水而建，又地处幽深小巷，环境即优美又宁静。园内建筑布局独特，正宅、大厅居中，左右两侧都有对称的东、西两花园，这在苏州园林中别具一格。藕园面积虽小，但它是以黄石假山而著称的，宅园紧密结合，园内假山自然奇丽，幽谷深涧，爱月池中夹其间，园内更是花木葱郁，有置身于“城市山林”之感。

东园以山为主，以池为辅，重点突出，配合得当。主体建筑为一组重檐楼厅，坐北朝南。这在苏州园林中也是较为少见的。在东南角有三处小院，重楼复道，总称“城曲草堂”。西园面积很小，以书斋及织老屋为中心，前有月台，后有小院，即宽敞明亮，又幽雅清秀，隔山石树木又建一座书楼；其南还有一形状不规则的小院，西南角设假山，置花木，再间置湖石，显得幽曲有趣。

全园主景黄石假山，堆叠自然，筑于“城曲草堂”楼厅之前，石块大小相间，手法逼真自然。假山的东半部较大，厅前的石径可通往山上东侧的平台及西侧的石室；平台之东，山势突增，转为绝壁，临于水池，直削而下，绝壁东南设磴道，依势可下至池边，此处之气势为全山最精彩，假山的西半部较小，自东向西坡度渐缓，逐级降低，止于小厅右壁。站在山上，园内亭台楼阁，花草树木，小桥流水，尽收眼底。山上与众不同，不建亭阁，而是于山顶山后铺土之处，散置有十余种花木，风来时，花木随风摇曳，平添了山林野趣。

藕园于1963年被列为苏州市文物保护单位，1995年被列为江苏省文物保护单位。

苏州艺圃

艺圃位于苏州市文衙弄，始建于明嘉靖年间，原为文徵明的曾孙、明代天启二年（1622）状元文震孟的私宅，名“药圃”，康熙年间改名“艺圃”，又名“敬亭山房”。清中叶改为绸缎业的公所。艺圃现有布局还保存着较多地明代建园初期的形制，风格质朴、简练、开朗。全园面积约为3300平方米，住宅占了大半，园林面积仅约1300平方米。艺圃前为住宅区，宅西为园林，面积为3000余平方米。住宅区前后厅之间均有院落，以砖雕门楼贯通。大门朝东，经曲折的长巷可达前厅世伦堂，由此西行入园。

园以水池为中心。池北以建筑为主，主要厅堂为博雅堂、延光阁等，堂前有小院，院中设有湖石花台，临池而筑5开间水榭。池水于亭东南处汇为一小池，池面架以石板桥，桥面微拱，为其他园所少见。渡桥至山下，分两路，一路入洞盘折登山至六角亭。另一路沿池岸高低起伏的石径西行，过曲桥至圆洞门内小院，此为园中最僻静的一区。院中小池与大池相通，占地面积约为600多平方米，布局主要以聚为主，仅在东南角与西南角各伸出水湾1处，各架有石板桥1座，故而水面显得开朗辽阔，水湾处则又能形成幽曲的气氛。

池南以山景为主，临池则以湖石叠成绝壁和石径，既自然又富有变化。池水之东的乳鱼亭，系明代遗建。自水榭南望，林木葱茏，山水交融，颇具山林

野趣，为园中主要对景。池西南方有一区小院落，缭以围墙，开一圆洞门可通中部。池东西两岸以疏朗的树石亭廊作为南北之间的过渡与陪衬。

园中假山均用土堆成，临池叠湖石作石洞、石壁，于贴近水面处布置以小径、平桥、水湾之类，极富有变化，此种石径、池水、绝壁相结合的手法，取于自然而又力求超越自然，是明末清初苏州一带造园家常用的叠山理水的方式。假山用石不多，但石块堆叠稍显琐碎，显得有点平板而缺少层次。但园布局非常简洁，水池、山林，是苏州园林最基本的布局手法。山林与中部的水景区形成了一疏一密，一高一耸，一低一平的对比关系。此座山林是苏州园林中不可多得的佳作，虽在叠石手法上稍显不足，略显琐碎，但在整座山林的处理上，特别是在与树木的结合上，有着很高的艺术价值。

此园的住宅部分与水相邻，与园林相交融。临水的水阁成了住宅的一部分，在此可将全园景致尽收眼底。此座园林在整体山林的处理上，特别是在与树木的结合方面具有很高的艺术价值。山上置于主山峰之后的六角亭，透过树林隐约露出亭顶，加深了空间的距离感，反衬出了前景的高耸。此园的部分建筑保持着明末清初的景观风貌，是研究苏州园林史的重要实例。

艺圃作为苏州名园之一，是一座颇具明代艺术特色的小型园林。全园布局开朗简练，风格质朴自然，又无烦琐堆砌矫情做作之感，其艺术价值远胜于晚清之园林。全园从山水的布局，亭台的开间再到一石一木的细微处理无不透析出古朴典雅的风格特征，以凝练的手法，勾勒出了造园的基本理念。

艺圃作为苏州市文物保护单位，已被联合国教科文组织列入世界文化遗产。于2006年5月25日，艺圃又作为明代古建筑，被国务院批准列入第六批全国重点文物保护单位名单。

苏州畅园

畅园位于苏州的庙堂街，是清代宅园，面积600多平方米，水池面积占全园的四分之一，是苏州小型园林的典型。畅园建于清末，园主姓潘。该园造园手法细腻，面积虽小但布局精巧，园景层次丰富，巧妙玲珑。

从园门可入桂花厅，经小院至对面的桐华书屋，穿过书屋，全园景物便展现在眼前了。南端架一座五折石板桥，把池面一分为二，岸缘围以湖石。沿岸疏植白皮松、石榴、紫薇、木樨等花木。

沿东园墙向北，经六角形延晖成趣亭，走廊曲折透迤，蜿蜒起伏，傍水依垣。其间点缀着竹石小品，增益情趣。过延晖成趣亭，可至园中主厅留云山房。房以云名，有散淡脱俗之意。厅前设一平台，下临池水，亦为园中主要观景点。

苏州南北半园

苏州园林众多，但其中有两座“半园”很有名气，因此园仅占地一隅，造园时在“半”字上做文章，其亭、舫、廊往往都只建其一“半”，小巧玲珑，别具一格。一座建在城南，俗称“南半园”，一座建在城北，俗称“北半园”。

南半园位于城南仓米巷4号，建于清代同治十二年（1873）。由溧阳人史伟堂所建，也称“史氏半园”。面积为6130平方米，住宅分两路共五进，其中以东路的楠木花篮对照厅最为精致。

北半园即“陆氏半园”，位于白塔东路60号，占地1130平方米，此园为清乾隆年间沈奕所建，取名“止园”。后又归周勋齐，更名为“朴园”，清咸丰年间，道台陆解眉改建，取名“半园”，因在仓米巷“史氏半园”之北，今俗称“北半园”。园内布局是以水池为中心，南北狭长环以船厅、曲廊、水榭、半亭，以曲廊断续相连，建筑多以“半”为特色。位于园东北部的二层半重檐楼阁，在苏州众园林中所仅见。园中植有黄杨、白皮松、紫藤等花木。北半园现已无住宅，现存园林面积仅为1130平方米。园中面积虽小，但布局紧凑，花木繁盛，环境雅致。

半园1982年被列为苏州市文物保护单位。

苏州五峰园

五峰园位于苏州市阊门西街下塘，今五峰园弄，占地1600多平方米。园虽不大，但历史悠久，园景秀毓，蕴涵丰富的文化底蕴，堪称苏州现存明代园林中的一处上乘之作。园始建于明代嘉靖年间，为长州尚书杨成所筑，俗称“杨家园”。另一说法为园是文徵明之侄画家文伯仁所筑，文伯仁号“五峰老人”。园中五座太湖石峰，高二丈，皱瘦玲珑，并峙高阜间，状若五老拱立，又名“五老峰”，五老峰分别为“丈人峰”“三老峰”“观音峰”“庆云峰”和“擎云峰”。全园以五峰为主，辅以水池，有峭壁、山洞、峡谷、石桥、旱船、古树、园亭等景物。园西南角有土墩，绿荫拥簇，湖石环绕，山巅起亭名“柳毅亭”，其下土阜，相传为唐代柳毅之墓。亭内，昔日供奉着柳毅像。该园屡易

其主，抗日战争前后，又散为民居。园内年久失修，水池填塞，二座石峰已倾倒。

五峰园园景秀丽，从正门进入，往西北过回廊，可达一船舫，名“柱石轩”。柱石轩是陆地上矗起形似船舫的轩屋，其设计精巧，独具风格，俗称“旱船”。再往东，为园中主厅五峰山房，室内宽敞明亮，布置精雅大方。厅南有清莹小池，天光云影，拉开人们的视野。厅前有一座蜿蜒峻拔的假山，全用湖石砌筑，为明代旧物，相传为文伯仁精心辟划的珍品。假山间有峡谷、峭壁、石桥、石梁，花木掩映，古树参天，五峰错落耸峙。东南角往下隐藏着一处弯曲多姿的石洞。出洞后豁然开朗，由此可达峰顶，纵览全园景色。

五峰园是众多苏州园林中较为有名的园林之一，是苏州园林中的精品。1963年被列为苏州市文物保护单位。

苏州鹤园

鹤园位于苏州市韩家巷。为清光绪年间道员洪鹭汀所筑。鹤园总面积约为3100多平方米，小巧而紧凑，简洁而幽雅。东宅西园并列，宅为三进。园内居中有一水池，小桥凌波，竹石花木环池而布，右亭与左馆隔池相望。北部为主厅“携鹤草堂”，其结构精巧，前廊东西门楣有庞蘅裳题“岩扉”“松径”砖额。堂前有湖石“掌云峰”，其以形命名。池南有四面厅与门厅互为对景。听枫山馆，又称“鹤巢”，隐现于园北翠竹丛中。园中池水似镜，修廊如虹，风亭月馆掩映于山石之间。此园后归吴江庞屈庐所有，其孙庞蘅裳复加修建，一时成为文人雅士酬唱之地。此园全用优美的湖石堆叠而成，山虽不高却有峰峦洞谷，与树木山亭相映。

鹤园正门南向，有门厅五间，以粉墙花窗为屏障，不致使园景一览无余。门厅的东北角是一条曲折多变的长廊，自南至北贯通全园，廊西接四面厅及大厅。四面厅将全园划分成南北两部分。沿着粉墙置一花台，其内栽花种树，点以立石，构成厅南之景。四面厅北又与大厅互成对景，中间凿一水池形成厅北之景。池为不规则形，环池叠石，配以迎春、含笑、丁香、海棠、夹竹桃、桂花、紫薇、蜡梅等花木，和松柏等高大的常绿树形成园的主景。

池西有重檐梯形馆，把曲廊与大厅相接，长廊曲折有致，把院墙分成了几个小院，间以杂花修竹，层次丰富，是全园精华之所在。鹤园规模较小，在布局上接近庭院，山地的安排与布局处理上简洁，全园以开朗为特色。

园南有一土阜，上建六角小亭，攒尖顶，比例适中，小巧玲珑，形态怡人。靠西墙处植以紫藤、薜荔、月季等灌木藤蔓，将高显的界墙隐于林木之中。池水经缺口向土阜方向延伸成一水湾，曲曲折折，水上架有小桥，有源头深远之意。

苏州听枫园

听枫园位于苏州金太史巷旁的庆元坊，建于清光绪年间，为清代苏州知府吴云的私家花园。原为宋代词人吴应之红楼阁故址。吴云建园于此后，因园中有古枫婆娑，故取名曰“听枫园”。听枫园占地约1200平方米，主厅“听枫仙馆”居中心，南北各有一庭院。南院花木繁茂，山石多姿，有适然亭、红叶亭（现名“待霜亭”）、味道居等主要建筑。北院有清池一弘，半亭、林池、花木映照。馆东原为吴云书房“平斋”，斋前叠山，循蹬道而上有“墨香阁”，斋、阁自成院落，为全园之精华所在。书画家吴昌硕早年与园主交情甚厚，曾应邀住在园中教授童子，吴云才得以观摩所藏之书画金石，艺事大进。吴云卒后，此园渐衰。

宣统二年（1910），词人朱祖谋曾寓居于此园。1928年，此园归陈氏，曾获修治。1983年，由市文化局动工整修。1985年春节，国画院迁入此园。

苏州东山启园

启园，也称“席家花园”，位于太湖之滨的东山，占地3万余平方米。是1933年席氏为纪念其祖上在此迎候康熙皇帝而兴建的。启园为江南少有的山岳湖滨园林，它集江南园林的小巧和湖光山色为一体。园内最为壮观的为主体建筑四面厅——“镜湖厅”，此厅坐落于山林之间，四面二层，重檐翘角，端庄而雅致。厅东建五老峰，上有真竹假笋，地面为小石子铺成的图案，周围遍植牡丹、桂花、山茶、蜡梅、红枫、铁牙松等花木。环镜湖厅有一水池，名曰“镜湖”，水中游鱼晃动。沿池四周叠有假山，太湖石形态各异。离镜湖不远处，有一方形荷塘，每当荷花盛开时，清香四溢。镜湖外侧，有一条小河濒临太湖，河上有两座古典式拱桥横卧于清波之上。启园内有三宝：古杨梅树、古柳毅井以及康熙到东山的御码头。

1995年新建的庭院由门厅和敞轩两座建筑组成。门厅为两坡式江南传统建筑，古色古香，美观精致。庭院迎面的隔墙中部，嵌叠湖石假山，水流处垒霜堆雪，溅珠飞玉；水静处凝碧凝翠，清如明镜。骑墙而筑的是敞轩，“倚垣半屋成敞轩，留得月洞开异景”，是它的真实写照。柳毅小院里

的柳毅井和王鳌题刻的石碑，是明代之物；井边半亭贴墙而筑，也以“柳毅”命名，小巧玲珑，古意盎然。平淡中藏有非凡、愚拙中藏着奇妙的柳毅井、碑四宜楼，从不同角度看有不同的形态。它变化多端，景象各异，从前面看它是台，从后面看它是楼，从左边看它是亭，从右边看它是阁。

启园在1984年被国务院批准列为太湖风景名胜区主要景点之一。

江苏同里退思园

退思园位于原江苏省吴江市同里镇，距苏州古城18千米。园主为任兰生，他屡试不中，后花钱买官，在清道光年间任安徽凤颖六泗兵备道，光绪四年（1878）罢官归里，遂于光绪十一年至十三年（1885～1887）年大兴土木，营造宅第，园名“退思园”，取“退则思过”之意。此园为横向建造，即东西宅院，这在苏州园林中，形成了它独特的风格。退思园包括住宅和园林两部分，全园占地6000余平方米。为同里人袁龙（字东篱）设计。

退思园的主体建筑分为东西两侧，西侧建有轿厅、茶厅、正厅共三进，为婚葬嫁娶及迎送宾客之用。东侧为内宅，建有南北两幢各五楼五底的小楼，曰“畹香楼”。楼与楼之间由双重廊贯通，称其为“走马楼”。园景亦分为东西两侧，西庭东园。庭中有“置旱航”，“坐春望月楼”，“岁寒居”等建筑，以回廊连

接成一大庭院。园以池水为中心，湖石驳岸，迂回曲折，再配以花木、山石、亭、廊、堂、榭、轩、舫等，此为全园精华之所在。北岸的“退思草堂”为全园主景，面阔三间，四周有“琴房”，“三曲桥”，“眼云亭”，“菰雨生凉轩”，“天桥”，“辛台”，“九曲回廊”，“闹红一舸舫”，“水香榭”，“览胜阁”以及峰石、假山、花木围成一个开阔景区，构成一幅浓重的水墨山水画长卷。

园中池水驳岸低矮，石峰林立，园虽小但齐全，且布局适宜，无堆砌之感。细品九曲回廊，其每一花窗都用砖瓦各砌一字：“清风明月不须一钱买”，点出了园景之特色。

江南园林，历来都富有诗情画意。乡间小镇的小小退思园，从建筑艺术上来看，宅取楼式，园求全景，都反映了住宅园林的特色，这些都是研究江南建筑史不可多得的实例。

作为苏州古典园林之一的退思园，于2000年12月被联合国教科文组织列入《世界遗产名录》（文化遗产）。

江苏赵园

赵园，又名“水吾园”，位于江苏省常熟城区西南隅翁府前。原为明万历年御史钱岱所建“小辋川”部分遗址。清同治、光绪年间，园归阳湖赵烈文所有，俗称“赵吾园”。赵园以虞山南麓为依托，城西山腰上的“西城楼阁”和山顶的“辛峰亭”都是绝妙的景色。园内水波荡漾，将山光水色融为一体，构成了一幅天然的山水画。赵园的主体为一长方形的水池，以水景取胜，景点皆环池而建，参差错落，布置得当。池西面和南面建有游廊，池中又有水阁点缀。似舫的旱船置于池的南端，旁边有九曲桥通至池中小岛，岛的西面有一座石环洞桥，名曰“柳风”，园外之水自此入内，名曰“清溪”。北面有水轩三间，临小岛。廊中各有一八角形和方形台榭。溪北面的“天放楼”蓄书数万卷，在石舫旁有一座湖石假山，挺拔隽秀，山上有一亭，名曰“梅泉”。

江苏燕园

燕园位于江苏省常熟区城内辛峰巷，为江南名园之一。初为清台湾知府蒋元枢所建，取名“蒋园”。清光绪年间，园归教育家张鸿（隐南）所有。燕园占地2000余平方米，地形狭长，共分为三区。入门为第一区，直横两廊以及其后的山石，将园景显得隐约幽深。往东折，在小园一方，有一荷花池，和“七十二石猴”假山。第二区从“绿转廊”经小桥导入山南的“童初仙阁”。假山东面有高低错落之砖梯与修竹构成“诗境”，由此北入“赏诗阁”，再往里为临水石船，名曰“天际归舟”。“五芝堂”后为第三区，是生活居住之地，亦用假山相隔。

园内有“诗境”“燕谷”“伫秋”“赏诗阁”“五芝堂”“三婵娟室”“天际归舟”“童初仙馆”“过云桥”“引胜岩”“绿转廊”“冬荣老屋”“一希阁”“竹里行厨”“梦青莲花庵”和“十楼”，称为十六景。其中尤以“燕谷”假山为最。

江苏常熟曾园

曾园位于江苏省常熟古城区西南隅，与赵园相邻，又名“虚廓园”“虚廓居”。原为明万历年间御史钱岱所建“小辋川”部分遗址。清同治光绪年间归刑部郎中曾之撰，取名“虚廓居”，也是其子晚清文学家曾朴的故居，俗称“曾家花园”。

曾园以水为中心，四周环假山亭榭，古木修竹。且借景虞山，水光山色融为一体。园中央为一泓清池，“不倚亭”置于池中，池南为“虚廓村居”，还有“水天闲话”，庭前各植一株香樟、白皮松，这两棵树也为明“小辋川”的遗物，树下立“妙有”峰湖石，向东穿过一廊达“归耕课读庐”，也可登“琼玉楼”。池东有黄石假山，名曰“小有天”，山顶建有六角亭，一小榭坐落于亭北，山下有“磐矶”镌刻“虚廓子濯足处”，山北建有方亭。东、北二隅砌围廊，壁嵌有《山庄课读图》《勉耘先生归耕图》两部石刻，还有杨沂孙、李鸿章、翁同龢等书法石刻30余块。“邀月轩”位于池西南，西北有“清风明月亭”。

江苏无锡寄畅园

寄畅园位于江苏无锡市西郊的惠山东麓。元朝时此园曾为僧舍，明代扩建成园。清顺治末康熙初，秦耀曾孙将其改筑，请造园名家张钦叠山理水，疏泉立石，园景益胜。康熙、乾隆两帝曾各南巡六次，必到此园，乾隆仿照此园于颐和园中建“惠山园”（谐趣园）。咸丰同治年间，寄畅园多数建筑毁于兵火之中，后稍做补葺。1952年秦氏后裔将此园献给国家，随即作保护性修复；又将园西南角之贞节祠划入园中，后陆续重修园内之景。园中布局以山池为中心，假山在惠山东麓山脉作余脉状；又构曲涧，引“二泉”水流

注入其中，潺潺有声。园内大树参天，竹影婆娑，苍凉廓落，古朴清幽，经巧妙的借景，高超的叠石，精美的山水和洗练的建筑，在江南园林中别具一格，属山麓别墅园林。

寄畅园在1988年被列为全国重点文物保护单位。

小故事

传说"凤谷行窝"后传入秦金曾侄孙秦耀手中。秦耀为明隆庆辛未年进士，官至右副都御史，后被诬解职，于明万历十九年（1591）回到故乡，时年仅四十八岁。他在懊恨之余，寄情于山水，日夕徜徉于凤谷行窝之中，悉心修筑园林，浚池塘，兴土木，植花草，叠假山，几年后，竟得二十余景。他每景各题诗一首，咏物抒怀。借王羲之《答许椽》诗"取欢仁知乐，寄畅山水阴。清冷涧下濑，历落松树林"，故名曰"寄畅"。秦金在园中或登高舒啸，或临流赋诗，或饮酒下棋，怡然自得，直至六十一岁病故。

江苏无锡蠡园

蠡园位于江苏省无锡市区西南五里湖畔，距离无锡市区10千米，面积约为82000平方米，其中水面占35000平方米。园以湖名，湖因园胜，曲岸枕水，明媚秀丽。传范蠡曾偕西施泛舟于此，五里湖亦名蠡湖。蠡园三面临湖，湖光山色，错落在绿树花影中的亭廊桥榭，散发出水乡园林的特有风姿，景色迷人。全园共分三部分：曲径假山居中，归云洞为园内最高点；东南为千步长廊，壁上嵌有89个图案各异的花窗及书法篆刻；西北则以鱼池为主体，环湖长堤将一方方鱼池连接起来，中间一方鱼池的四角还各建一亭，遍植四季花草，名曰“四季亭”。

蠡园大门，古朴端庄，保留了原有的渔庄的风格，上立篆刻“蠡园”两字。内有面阔三间，进深九架的敞厅。从正门入室，经暗廊、月洞，再穿过假山屏障，景色豁然开朗。只见修竹土岗，自成一坞，坞中有“百花山房”建于1930年，面阔五间，雕花门窗。房后有一名“浣芳”的长廊，有“范蠡西施故事”的画廊，其上有“夷光出世、范蠡用计、溪畔浣纱、勾践献美、伍员被害、吴王骄淫、越国灭吴、泛舟五湖、范蠡隐退、经商制陶”等十幅画面。廊端接小亭，名“思越”，内有西施、郑旦的蜡像。循径前往，有1985年建成的“濯锦”茶楼，两层三开间。透过湖水远望，雪浪的烟绿，漆塘的山冈，长广的溪水美景无限。

浙江杭州郭庄

郭庄坐落于浙江省杭州市西山路卧龙桥畔，与曲院风荷相连。郭庄原名“端友别墅”，为清光绪三十三年（1907）杭州绸商宋瑞甫所建，俗称“宋庄”。后归郭士林所有，易名“郭庄”，又称“汾阳别墅”。1989年重修，保持了原来的园林格局和风貌。

全庄占地近1万平方米，共分三个景区：静必居、一镜天开和乘风邀月。其中，静必居为主人的居所。临池的两宜轩在一镜天开的中央，沿湖有乘风邀月轩、景苏阁和赏心悦目亭等。郭庄内花团锦簇，假山林立，粉墙黛瓦，曲廊回环，翠峰镜湖，古朴典雅，被誉为“西湖古典园林之冠”，是杭州唯一现存完整的私家花园。

浙江海盐绮园

绮园位于浙江省海盐县武原镇花园弄。占地约10000平方米，水面面积约为2000平方米，树木遮盖面积达7000平方米。绮园原为“冯氏花园”。清同治九年（1871），园主冯缵斋于此建宅三进。次年，冯缵斋综合其岳父黄燮清经营的明代故园拙宜园、砚园两废园之精华，在其“冯三乐堂”后辟地修建园林，建成了现在的绮园。

绮园，绿树几乎覆盖了整个园林，园内树木近千株。其中古树名木都有四十余株，均经数百年风雨。园林的设计，妙用了“水随山转，山因水活”的叠石理水园论。其特点是以树木山池为主，略以建筑点缀其中，与今日以风景为主的造园手法比较接近。

园内景物有潭影九曲、晨曦罨画、蝶来滴翠、古藤盘云、海月小隐、幽谷听琴、风荷夕照、百鸟鸣春、美人照镜、泥香三乐等。其游径由山洞、岸道、飞梁、小船及低于地面的隧道等组成，构成了复杂的迷境，为江南园林所少见。

浙江绍兴沈园

沈园，又名“沈氏园”，位于浙江省绍兴市区洋河弄内。原为沈氏私家花园，宋代时为越中著名的园林之一。1987～1993年在原址上重建，沈园已成了绍兴古城内的一处重要景区。沈园占地约7000多平方米，重建和扩建后的沈园占地38000平方米。

园内分为东、中、西三部分，自北向南景点布局疏密有致，高低错落有序，花木扶疏成趣，色调典雅相宜，颇具宋代园林特色。园内有孤鹤亭、双桂堂、半壁亭、八咏楼、射圃、宋井、琴台、问梅槛和广耜斋等景观。正南断垣上，刻有词学家夏承焘所书的陆游《钗头凤》词，点明了造园的主题。据史

载：陆游初娶表妹唐琬，婚后琴瑟甚和，但却得不到陆母欢心，被迫分开。10余年后的一天，二人在沈园邂逅。当时唐已改嫁，陆亦另娶。回忆往事，陆游感慨万端，在园壁题《钗头凤》词一首，唐琬见了不胜伤感，也和词一首，不久便忧郁而死。陆游为此抱恨终生。

小故事

相传陆游二十岁那年，与表妹唐婉结成夫妇。虽婚后琴瑟甚和，但陆母却对儿媳妇十分不满，执意逼迫他们离异。由于伉俪情深，难分难舍，两人便暗地在外找了一所房子，时时相会。后来被陆母发现，陆游终于“不敢逆尊者意，与妇诀”。不久，陆游续娶王氏，唐婉亦改嫁赵士程。十余年后的一个春日，陆游独自游览山阴的沈园。恰巧唐婉与赵士程也在那里。不期而遇，陆游无限悲戚。唐婉叫人给陆游送去酒肴，热情款待。陆游酒入愁肠，百感交集，便在一堵粉墙上挥笔疾书，题下了《钗头凤》词：

红酥手，黄縢酒，满城春色宫墙柳。东风恶，欢情薄，一怀愁绪，几年离索。错！错！错！春如归，人空瘦，泪痕红邑鲛绡透。桃花落，闲池阁。山盟虽在，锦书难托。莫！莫！莫！

唐婉见到此词，也不胜伤感，和了一首：

世情薄，人情恶，雨送黄昏花易落。晓风干，泪痕残，欲笺心事，独语斜阑。难！难！难！人成各，今非昨，病魂常似秋千索。角声寒，夜阑珊，怕人寻问，咽泪装欢。瞒！瞒！瞒！

沈园邂逅，是他们的最后一次相见。不久，多愁善感的唐婉便在抑郁中离开了人间。此后，唐婉的形象永驻在陆游的思念中，以致使他抱憾终生。

福建厦门菽庄花园

菽庄花园坐落于福建厦门鼓浪屿岛南部，原为我国台湾地区富绅林尔嘉的私家花园。1894年中日甲午战争清廷战败后，将我国台湾地区割让给了日本。时任台湾垦抚兼团防大臣的林维源及全家内渡，定居于鼓浪屿。林维源故后，其子林尔嘉为怀念台北板桥故居，参照江南名园在鼓浪屿仿造板桥别墅，修建了菽庄花园。取名“菽庄”，其名乃主人“叔臧”的谐音。

花园内设有眉寿堂、壬秋阁、听浪阁、真率亭、小兰亭、四十四桥、顽石山房、亦爱吾庐、十二洞天、观潮楼等十景，小巧别致，别具一格。他将海湾里的礁石，临海的坡面，涨落的潮水全都利用了起来，围地砌阶，造桥建亭。使原本十分狭窄的一个小海湾，借四周自然美景，变成了涵纳大海，视野宽广，颇有层次的海上花园。素有海上明珠之称。

广州番禺余荫山房

余荫山房，又名“余荫园”，位于广州市番禺区南村镇，始建于清同治六年（1867），占地面积为1958平方米，距今已有130多年的历史，为广东四大名园之一。

余荫园有两个特点非常显著：一是“缩龙成寸”。园内的建筑布局非常精细、小巧玲珑、藏而不露，在仅2000平方米的园地中，把中国园林建筑中的亭、楼、台、堂、阁、轩、廊堤、桥梁、石山碧水全都囊括了进来。而且花窗、回廊、影壁巧妙的借景，创造出了园中有园、景外有景且曲径幽深的意境。二是“书香文雅”。余荫山房从入园开始，每处景物的设计都独具匠心，寓意深长。碧纱橱内的紫檀屏风，为著名的木雕珍品，园内还珍藏着许多当时名人的诗画书法，余荫山房是岭南园林建筑艺术中的精品。

广东东莞可园

可园位于广东省东莞市莞城镇，始建于清代道光三十年（1850），为莞城人张敬修所建，此人以捐钱得官，官至江西按察使署理布政使，后被免职，回乡便修建可园，咸丰八年（1858）全部建成。东莞可园为广东四大名园之一，是岭南园林的代表作。全园占地面积仅2200多平方米，共有亭、楼、台、池、阁、厅、桥40余处，都以“可”字命名，如可轩、可亭、可楼、可堂等等。前人赞为“可羡人间福地，园夸天上仙宫”。

可园占地较小，仅2万余平方米，但造园时设计缜密曲折，运用了“咫尺山林”的手法，故能在有限的空间里再现大自然的景色。园中建筑、山池、花木等景物十分丰富，楼群有聚有散，有起有伏，景物小中见大，少中见多。园中最高建筑为“邀山阁”，共四层，四面明窗，登楼远眺，风姿洒脱，山水楼台尽收眼底。

全园通过97种样式不同的大小门、游廊及走道将一楼、三桥、五亭、五池、六阁、六台、九厅、十五房联成一体。

入园穿过客厅来到擘红小榭后，雄奇、幽

深的园景便逐层呈现在眼前。循曲廊徐徐往前，可看到拜月亭、曲池、瑶仙洞、拱桥、兰亭以及园后“博溪渔隐”中的观鱼簃、曲桥、藏书阁、小榭、钓鱼台等。

园中的主景可楼，共4层。一层为桂花厅和双清室，双清室又称“亚字厅”，它因平面形状与装修图案近似“亚”字而得名。厅前有金鱼池，呈曲尺形。顶层是“邀山阁”，檐高15.6米，登临此处，全园风景尽收眼底，纵目远眺，博厦一带的山川秀色，深得借景之妙。犹如一幅连续的画卷。

广东佛山梁园

梁园位于广东省佛山市松风路先锋古道，也为广东四大名园之一。始建于道光年间(1820～1850)，由清朝官吏梁霭如、梁九华、梁九章、梁九图等叔侄四人，在佛山，历时四十余年陆续建成的大型私家宅园。梁园是佛山梁氏宅园的总称，是清代岭南文人园林的典型代表之一。时至民初，一代名园已濒于湮没。1990年被定为省级重点文物保护单位。1992年全面修复，总面积达21260平方米。

梁园主要由“十二石斋”“汾江草庐”“群星草堂”“寒香馆”等多个不同地点的群体所组成，其规模宏大。总体布局以住宅、园林、祠堂三者为一体；造园组景以大面积湖池及水网池沼为主，最具珠江三角洲水乡园林的特征，尤其是以奇峰异石为主的造景手段，在岭南园林中独树一帜。

广东顺德清晖园

清晖园位于广东省顺德市大良镇华盖里，是岭南四大名园之一（清晖园与东莞可园，番禺余荫山房和佛山梁园一起被称为岭南四大名园）。相传创建于清乾隆末年，原为乾隆御史龙廷槐所有，在现存的建筑物中，“碧溪草堂”等建于道光二十六年（1846），其他如归寄庐、笔生花馆等均建于晚清。面积为9600平方米，园内亭榭幽穴，奇花异木，假山池水，应有尽有，极为清雅别致。园内有玉堂春花树，相传为取得功名的达官贵人经皇帝恩准方可栽种，所以又叫“功名树”。

全园建筑物的配置以船厅一带为中心，船厅，又名“小姐楼”，是清晖园的精华所在。因地制宜，互相衬托。船厅、惜阴书屋、南楼和真砚斋等建筑，古朴淡雅，彼此间用曲廊衔接，古树穿插其中，使建筑空间既有联系，又有分隔。船厅的造型仿照昔日珠江河上的“紫洞艇”而建，各处饰以雕刻，上下迂回的楼道，犹如登船的跳板，虽在路上，却似停泊在水中，十分别致。

船厅西面的景物是以池塘为中心的。在池塘的西北角是碧溪草堂，草堂的屏门饰以木雕疏竹圆光罩，其工艺精美，形态逼真。

假山和花卉果木组成了船厅东面的景物。

清晖园园内主要景点有船厅，红蕖书屋，惜阴书屋，碧溪草堂，澄漪亭，归寄庐，笔生花馆，竹苑，读云轩，沐英涧，斗洞，留芬馆等。

清晖园的造园艺术有它独特的地方，总体风格以雅致古朴著称，配置得体，而且在建筑设计方面也别出心裁。园内所有装修图案均不相同，并且大都富有岭南特色，以岭南佳果为题材，堪与江南名园相媲美。

广东开平立园

开平立园位于广东省开平堂口镇北义乡，是旅美华侨谢维立先生于20世纪20年代在家乡修建的园林与别墅相结合的一组建筑，开平立园以人名作园名，占地约19600平方米。于民国二十五年（1936）建成。该园集岭南水乡、传统园林和西方建筑风格于一体。

园内的布局大体可分为小花园、大花园和别墅区三部分，彼此间以人工河或围墙相隔，又用桥、亭和通天回廊连成一体，景中有景，园中有园。别墅区有泮立、泮文等六幢别墅和一座碉楼，其中以“泮立”和“泮文”两幢别墅最为豪华。碉楼是由于过去因为开平地处偏僻，土匪出没，所以在开平地区修碉楼来保安全为当地时尚。据了解广东开平碉楼达1800多座，由于开平为华侨之乡，所以当地所建的碉楼受海外影响非常大，这些碉楼融会中外建筑风格，中西合

壁，集万国建筑于一处，气势恢宏，形成了其独特的风景线。立园碉楼有4层，一层设有严密的防护措施，二层上有射击孔，顶层有平台。别墅区的西部为花园区，花园区也融会了中外园林的造园艺术，在中西合璧花园中建筑有“花藤亭”“石鸟归巢”“镇邪双塔”和“挹翠亭”等建筑，花园中绿植如阴，碧水环绕，风景秀丽。

开平立园既有中国传统文化的韵味，又具有浓厚的西洋风情，其中园林的风格独特，被誉为岭南第五大名园。

开平立园为国家4A级旅游景区，也是全国重点文物保护单位。（开平碉楼建筑正在申报世界文化遗产。）

寺观园林

北京潭柘寺

潭柘寺位于北京西郊门头沟区东南部的潭柘山麓，距北京40多千米。始建于西晋，距今已有近1700年的历史了，是北京地区最早修建的一座佛教寺庙，在北京民间有“先有潭柘，后有幽州”的说法。潭柘寺在晋代时叫“嘉福寺”，唐代时改称“龙泉寺”，金代御赐寺名为“大万寿寺”，在明代又先后恢复了“龙泉寺”和“嘉福寺”的旧称，清代康熙皇帝赐名为“岫云寺”，但因其寺后有龙潭，山上有柘树，故而民间一直称其“潭柘寺”。潭柘寺规模宏大，寺内占地约2.5公顷，寺外占地11.2公顷。

潭柘寺坐北朝南，背倚宝珠峰，周围九座高大的山峰呈马蹄状将寺环护其中，这九座山峰宛如九条巨龙拱卫着中间的宝珠峰，这九座山峰从东边数起依次为回龙峰、虎踞峰、紫翠峰、捧日峰、璎珞峰、集云峰、象王峰、架月峰和莲花峰，规模宏大的潭柘古刹就建在宝珠峰的南麓。高大的山峰抵挡了从西北袭来的寒流，使潭柘寺所在之处形成了一个温暖、湿润的小窝，这里植被繁茂，古树名花甚多，自然环境极其优美。

殿堂随山势而建，高低错落有致。北京城里的故宫有房9999间半，潭柘寺在清代的鼎盛时期有房999间半，这俨然是故宫的缩影，据传明初修建的紫禁城，就是以潭柘寺为蓝本而建的。解放初将部分年久失修的殿堂拆除了，

并新建了一些房舍，现潭柘寺共有房舍943间，其中古建殿堂占638间，建筑仍保持着明清时期的风貌，是北京郊区最大的一处寺庙古建筑群。寺内整个建筑群都是以一条中轴线纵贯当中，左右两侧基本对称，使整个建筑群显得规矩、严整、主次分明、层次清晰，这充分体现了中国古建筑的美学原则。其建筑形式有殿、阁、堂、轩、斋、楼、亭、坛等，多种多样。寺外有上下塔院、东西观音洞、安乐延寿堂、龙潭等众多的建筑和景点，宛如众星捧月，散布其间，组成了一个方圆数里，景点众多，形式多样，情趣各异的旅游胜地。潭柘寺不但人文景观丰富，自然景观也十分优美，春夏秋冬各有不同，晨午晚夜情趣各异。早在清代，“潭柘十景”就已经名扬京华。

千百年以来，潭柘寺一直以其悠久的历史，优美的风景，雄伟的建筑，神奇的传说而受到历代统治者的青睐。从金代熙宗皇帝以来，各个朝代都有皇帝到潭柘寺来进香礼佛，游山玩水，并拨款整修和扩建寺院。王公大臣及后妃公主们也纷纷捐出己资并大加布施。民间的善男信女与潭柘寺结有善缘的更是不计其数，他们长年向潭柘寺布施、斋僧，并且自发地组织民间香会，集资购买土地田产，捐给寺院，成为潭柘寺维持日常巨大开支的重要经济来源之一。到了清代，潭柘寺在寺院规模、宗教地位、土地财产、政治影响等方面都达到了鼎盛时期，特别是康熙皇帝把潭柘寺"敕建"，使其成为北京地区规模最大的一座皇家寺院。潭柘寺在佛教界也占有重要的地位，从金代开始，在很长的一个时期内，是大乘佛教禅宗中临济宗的领袖，并且名僧辈出，历代的高僧大德们，为了研究佛学宗旨，为了弘扬佛法，为了潭柘寺的扩建和修葺，为了繁盛寺院的香火，都作出了呕心沥血的贡献，而在《高僧传》上标名，名传千古。由于潭柘寺在政治上具有强大的势力，在经济上拥有庞大的庙产，在佛门有着崇高的地位，再加上在寺院规模上有着庞大的优势，故而享有"京都第一寺"的美誉。

新中国成立以后，人民政府把潭柘寺开辟为森林古迹公园，成为一处游览胜地。1957年10月28日被列为北京市第一批重点文物保护单位；1978年北京市政府拨款对潭柘寺进行了为期两年的大规模整修；1980年8月1日重新对外开放，并于1997年初经有关部门批准，僧团入驻，恢复为宗教活动场所。

北京戒台寺

戒台寺，又称“戒坛寺”，位于北京西郊门头沟区马鞍山，距京城约35千米。戒台寺始建于唐武德五年（622），原名“慧聚寺”，辽代时在寺内建立了戒坛。明正统十三年（1448）重修后，改名为“万寿禅寺”。清代康熙、乾隆年间又对其进行了维修与扩建，现存的建筑多为清代所建。戒台寺占地2000余平方米，其与杭州昭庆寺、泉州开元寺并称“全国三大戒坛”，而其规模又居首位，故有“天下第一坛”之称。

戒台寺素以戒坛、奇松和怪洞著称于世。寺内名木、古树甚多，其中一些古松经过千百年风霜的磨砺，造型奇特，具有极高的观赏价值，也是活文物。其中最著名的卧龙松、九龙松、自在松、活动松和抱塔松，合称“五大名松”。

戒台寺的建筑宏伟壮观，分南北两条轴线。其中山门殿、天王殿、钟鼓二楼、大雄宝殿、观音殿、千佛阁（已拆

除仅存遗址）、九仙殿和伽南、祖师等配殿位于南轴线上；北轴线上主要有戒坛殿、明王殿、财神殿和五百罗汉堂等。南北二宫、上下两院、地藏院和方丈院等庭院式建筑散布其间。辽代金石碑、砖塔和辽元经幢分点其中，记述着寺院悠久的历史。寺外的墓塔群、白石牌坊和众多神秘幽深的山洞，犹如众星捧月般地散布在红墙绿瓦的古刹旁，掩映在青松翠柏之中，使戒台寺既有巧夺天工，又有自然天成，景点众多，情趣各异，形成了一个方圆数里的旅游名胜景区。

戒台寺是经国家正式批准的佛事活动的场所，有佛教协会派遣的僧人主持佛事活动。每逢初一、十五，千年古寺香烟袅绕，钟磬齐鸣，来自各地的香客、居士们云集于此。

北京大觉寺

大觉寺，又称“大觉禅寺”“西山大觉寺”。位于北京市海淀区阳台山麓，始建于辽咸雍四年（1068），是北京辽代著名的八大水院之一的“清水院”。金代时，改名“灵泉寺”，明重建后改为“大觉寺”。大觉寺是北京市市级重点文物保护单位，现作为北京市文物局下属的博物馆对外开放。大觉寺以清泉、玉兰、古树、环境幽雅而闻名。南院原有两棵树龄在300多年的玉兰王，东边的一棵玉兰树在20世纪末死了，后补植一株。

大觉寺内共有古树160株，其中有1000年的银杏、300年的玉兰、古娑罗树、松柏等，此外，还有大量被列入保护范围的古树。大觉寺的玉兰花与崇效

寺的牡丹花、法源寺的丁香花一起被称为北京三大花卉寺庙。

大觉寺八绝是大觉寺的主要风景，分别是：古寺兰香、老藤寄柏、千年银杏、灵泉泉水、鼠李寄柏、松柏抱塔、碧韵清池和辽代古碑。

古寺兰香：是指位于四宜堂内的高10多米的白玉兰树，相传为清雍正年间的迦陵禅师亲手从四川移植，树龄超过300年。此玉兰树树冠庞大，花大如拳，为白色重瓣，花瓣洁白，香气袭人。玉兰花于每年的清明前后绽放，持续到谷雨，因此大觉寺是北京春天踏青的好去处。

老藤寄柏：大觉寺山门内的功德池桥边的一古柏，上有老藤从下部树干分支处长出。

千年银杏：指在无量寿殿前居于左右的两株银杏树。北面的一株雄性银杏，相传是辽代所植距今已有900多年的历史了，故称千年银杏或辽代“银杏王”。银杏树高约25米，胸径7.5米。乾隆皇帝曾写诗赞誉：“古柯不计数人围，叶茂孙枝缘荫肥。世外沧桑阅如幻，开山大定记依稀。”

灵泉泉水：在寺院最高处的龙湾堂前有一方行水池，山后的灵泉汇集到水池的龙首散水上，喷入池中。

鼠李寄柏：在四宜堂院内，古玉兰的西面，有一颗大柏树，在1米多高的地方分成两个主干，在分叉处长出一棵鼠李树，故称“鼠李寄柏”。

松柏抱塔：指的是迦陵舍利塔为松柏所环绕，南面一棵松树，北面一棵柏树，松树和柏树的枝条向白塔的方向生长，似乎是要伸手将白塔抱住，因此得名“松柏抱塔”。

碧韵清池：在北玉兰院中有一方用整块黑色大理石雕刻出的水池，上面流下的泉水蓄在池中，又从池中顺水道向下流淌。石头上刻有“碧韵清”三个大字。

辽代古碑：居于大悲堂的西北侧，上刻有天王寺志延撰写的《阳台山清水院创造藏经记》。据碑上文字记载是奉辽道宗皇帝及萧太后之旨于戊申年（1068）三月所立。

除了八绝以外，寺内其他的风景也很独特，如独木成林的银杏树，树龄达500岁的娑罗树，从龙王堂前兵分两路流下的泉水等。

北京碧云寺

碧云寺位于北京海淀区香山公园北侧，西山余脉聚宝山的东麓，创建于元至顺二年（1331），后经明、清扩建，始具今日之规模。是一组布局紧凑、保存完好的园林式寺庙。寺院东西走向，依山势而造。整个寺院的布置，以排列的六进院落为主体，南北各配一组院落，院落采用各自封闭的建筑手法，殿堂依山层层迭起，三百多级阶梯式地势而形成的特殊布局。因寺院依山势逐渐高起，为了不使总体布局景露无遗，故而采用回旋串联引人入胜的建造形式。其中立于山门前的一对石狮、哼哈二将、殿中的泥质彩塑以及弥勒佛殿山墙上的壁塑皆为明代艺术珍品。

碧云寺山门前有一座石桥，紧靠山门的是一对石狮子，蹲坐于须弥座上，身躯瘦长，威武如生。据传石狮子为魏忠贤所造，是明代极具艺术性的石雕。

山门迎面是哼哈二将殿。殿坐西朝东，面阔三间，为歇山灰瓦顶，檐下饰有斗拱。二将像都为泥质彩塑，分别立于大殿两侧，高约4.8米，形象逼真，体态刚劲，色彩鲜明，是一对艺术价值极高的雕塑品。哼哈二将殿两侧分列钟楼和鼓楼，此形成第一进院落。这一院落的正殿是弥勒佛殿（原有四大天王像毁于北洋军阀时期，现殿内只剩下弥勒佛像），殿前设有月台，台上矗立着八棱经幢二座，上面遍刻经咒.

第三进院落是以菩萨殿为主体的，面阔三间，歇山大脊，前出廊，檐下饰有斗拱，匾额上为乾隆御笔“静演三车”。殿内塑有五尊泥塑彩绘菩萨像，正中为观音菩萨，左为大势至菩萨、文殊菩萨，右为地藏菩萨、普贤菩萨。东西两壁塑有高一米左右的二十四诸天神和福，碌，寿，喜四星像。云山悬塑和小型佛教故事雕塑遍布塑像四周。院内古树参天，枝叶繁茂。其中以娑罗树最为珍贵，此树原产自印度，树顶呈曲伞状，枝干盘曲，叶片长圆，形状恰似一枣核，每叉有五叶或七叶，故又称为“七叶树”。相传佛祖释迦牟尼是在娑罗树下寂灭的，因而此树成为佛门之宝。第三重院内有孙中山纪念堂，纪念堂面阔五间，山墙后嵌汉白玉石刻碑，大理石须弥座上雕有各种花纹，白底金字，上书《孙中山先生致苏联书》。宋庆龄手书“孙中山先生纪念堂”的红底金字木匾，悬挂于正门上方。正厅设孙中山半身塑像，塑像右停放着1925年苏联赠的玻璃盖钢棺一口。室内陈列着孙中山先生各个时期的照片和史迹。

寺院的最后是塔院，院内南部有一雕工精致的汉白玉牌坊，牌坊两侧各有八字形石雕照壁，照壁正面刻有八个历史人物浮雕，并有题名，左有诸葛孔明为忠，李密为孝，蔺相如为节，陶渊明为廉；

右有文天祥为忠，狄仁杰为孝，谢玄为节，赵壁为廉。照壁小额枋刻有八个大字，左是“清诚贯日”，右为“节义凌霄”。石牌坊后有两个八角形碑亭，亭内放乾隆御制金刚宝座塔碑，南北相对，左亭内为满、蒙文，右亭内为汉、藏文。建于乾隆十三年(1748)的金刚宝座塔位于全寺最高点。塔仿北京五塔寺形状建造。这种塔北京有三座，另两座是西黄寺的清净化城塔和真觉寺的金刚宝座塔。

碧云寺的金刚宝座塔高347米，分塔基、宝座、塔身三层。塔基呈方形，砖石结构，外以虎皮石包砌，两侧有石雕护栏。塔身全部为琢磨过的汉白玉石砌成，四边还雕刻有藏传喇嘛教的传统佛像。塔基正中有券洞，券洞两旁雕有佛像和兽头形纹饰，券洞上额匾书“灯在菩提”。券墙上有一汉白玉石匾额，上书金字“孙中山先生衣冠冢”。从券门内登石阶可至最上层宝座顶，宝座上有七座石塔：一座屋形方塔，一座圆形喇嘛塔，其后有五座十三层密檐方塔，中央一大塔，四隅各有一小塔。这是曼陀罗的一种变体，是一种独特的建筑形式。曼陀罗原是梵语译音，意为“坛城”，后来演变成象征性图案。按藏传佛教之意，井字中央是须弥山，四周分布陆、水、佛、山。五座佛塔基座均为须弥座，塔肚四面刻有佛像。

塔颈用十三层相轮组成，坐于塔肚之上，最后为铜质塔刹。塔刹中央铸有八卦，四周垂有花缦。塔刹上端立一小塔，上有“眼光门”，有佛立于门内。主塔后植有一株苍劲古松。整个金刚宝座塔布满了精致浮雕，皆根据西藏地区传统雕像而刻。

北京白云观

白云观位于北京西便门外。其前身为唐代的“天长观”。据载，唐玄宗为斋心敬道，奉祀老子，而建成此观的。观内至今还有一座汉白玉雕的老子坐像，据说为唐代的遗物。金正隆五年(1160)，“天长观”遭火灾焚烧殆尽。金大定七年(1167)敕命重建，历时七载，至大定十四年(1174)三月竣工。金世宗赐名曰“十方天长观”。泰和二年(1202)，“天长观”又不幸罹于火灾，仅余老君石像。翌年重修，改名曰“太极宫”。金宣宗贞祐二年(1215)，国势不振，迁都于汴，太极宫遂逐渐荒废。

白云观的建筑分为中、东、西三路和后院，其规模宏大，布局紧凑。以照壁为起点，依次有“照壁”“牌楼”“华表”“山门”“窝风桥”“灵官殿”“钟鼓楼”“三官殿”“财神殿”“玉皇殿”“救苦殿”“药王殿”“老律堂”“邱祖殿”和“三清四御殿”的是中路。

照壁，又称“影壁”，位于正对牌楼的观前。壁上嵌有四个遒劲有力的大字——万古长春，为元代大书法家赵孟頫所书，令人叹赏不绝。

牌楼是原来的棂星门，为观中道士观星望气之所。后来棂星门演变为牌楼，已失去原来的观象作用了。此牌楼建于明正统八年(1443)，为四柱七层、歇山式建筑。

山门，为石砌的以“三界”为象征的三券拱门，跨进山门就意味着跳出“三界”，进入到仙福之地。山门石壁上雕刻着仙鹤、流云、花卉等图案，其刀法浑厚、造型精美。中间券门东侧的浮雕中隐藏着一只巴掌大小的石猴，已被游人摸得锃亮。老北京有这样的说法：“神仙本无踪，只留石猴在观中。”这石猴即成了神仙的化身，来白云观的游人都要用手摸摸它，以讨个吉利。观内还有另外两只小石猴，分别藏在不同的地方，一只刻在山门西侧的八字影壁底座，另一只刻在东路雷祖殿前九皇会碑底座，若不诚心寻找，很难发现，故有“三猴不见面”之说。

窝风桥始建于清康熙四十五年(1706)，后被毁，1988年重建。为南北向的单孔石桥，桥下无水。桥洞两侧各悬古铜钱模型一枚，刻有“钟响兆福”四字，钱眼内系一小铜钟。据说，因为北方风猛雨少，观外原有座“甘雨桥”，人们便在观内修了这座“窝风桥”，两座桥象征着风调雨顺。另有一说是为纪念全真教创始人王重阳而建，王重阳弃家出游，在陕西甘河桥遇异人授予修炼真诀，于是

出家修道，创建全真教。后全真弟子修建“甘河(干河)桥”以纪念。

灵官殿主祀道教护法神王灵官。神像为高约1.2米的明代木雕，比例适中，造型精美。红脸虬须、怒目圆睁、左手掐诀、右手执鞭、形象威猛。其左边墙壁上有赵公明和马胜画像，右边墙壁上为温琼和岳飞画像，此为道教的四大护法元帅。

白云观的钟鼓楼，在建筑布局上与其他宫观的钟鼓楼不同，其钟楼在西侧，鼓楼在东侧。据传，元末，长春观殿宇大都倾圮，明初重建时，是以处顺堂(今邱祖殿)为中心的，保留了原来的钟楼，在钟楼之东新建鼓楼，故形成了今日之格局。

三官殿供奉天、地、水“三官大帝”。传说“天官赐福，地官赦罪，水官解厄。”

财神殿供奉的是三位财神，正中为春神青帝，左为财神赵公明，右为武财神关羽。赵公明，也叫赵公元帅，元始天尊封其为正一龙虎玄坛真君，统领招财、进宝、纳珍、利市四位神仙，是民间广泛供奉的财神。关羽，即关公，也称关圣帝君，也为民间广泛信仰，管辖范围极广，是一位全能之神，财神只是其形象之一。

玉皇殿奉祀玉皇大帝。神像为高约1.8米的明代木雕，端坐龙椅，身着九章法服，头戴十二行珠冠冕旒，手捧玉笏，威风八面。神龛前及两边垂挂着许多幡条，上面绣着许多不同颜色的篆体“寿”字，共为一百个，故称为“百寿幡”。左右两侧的六尊铜像为玉帝阶前的四位天师和二侍童，他们也均为明代万历年间所铸。殿壁挂有八幅绢丝工笔彩画，有南斗星君、北斗星君、三十六帅、二十八宿等，均为明清时期的佳作。

崂山太清宫

太清宫坐落于山东青岛市东25000米崂山老君峰下、崂山海湾之畔。太清宫占地约3万平方米，建筑面积达2500平方米，共有殿宇房屋155间。崂山地处海滨，岩幽谷深，素有“神窟仙宅”之说。崂山方圆百里，宫观星罗棋布，有“九宫八观七十二庵”的说法，其中以太清宫最负盛名。据载，汉时江西瑞州府张廉夫弃官来崂山修道，筑一所茅庵，供三官大帝，名“三官庙”。唐天祐元年(904)，道士李哲玄来此修建殿宇，供三皇神像，名“三皇庵”，后称“太清宫”。金章宗明昌年间，全真道士丘处机、刘长生等曾在此地弘阐全真道。刘长生在此创全真随山派，其信众甚多，太清宫便成为道教全真随山派之

祖庭。

太清宫主体建筑由三座大殿、四座陪殿、长老院及客房组成。太清宫东有八仙墩、钓鱼台、晒钱石等礁矾奇观。还有胜景“太清水月”“海峤仙墩”。三大殿为三清殿(上清、祀玉清、太清天尊)，三皇殿(神农、伏羲、轩辕)，三官殿(天、地、水)；四陪殿是东华殿(祀东华帝君)，西王母殿(祀西王母)，救苦殿(祀吕祖)，关帝祠。三官殿院内有古“耐冬”树，此树隆冬开花，花期半年，传为明初张三丰手植。传张三丰曾在太清宫修炼，崂山左侧靠海处有“三丰石堵”，塔底有洞名“仙窟”，即张三丰隐修处。太清宫奇花异草甚多，汉柏、唐榆、宋银杏等历经千年风霜，四时不绝，繁茂葱郁，环境清幽。

太清宫从创建初距今已有2000多年的历史，几乎每朝每代都要进行修葺，但其建筑风格至今一直保留着典型的宋代建筑风格，这在国内的各宗教建筑中，是极少有的。这里也是中国古代园林的一大分支——寺观园林在崂山最早形成风格体系的地方。

寒山寺

寒山寺位于苏州城西阊门外5千米外的枫桥镇，原名“妙利普明塔院”。建于六朝时期的梁代天监年间（502～519），距今已有1400多年的历史了。传说唐代贞观年间，当时的名僧“寒山”与“拾得”由天台山来此住持，改名“寒山寺”。1000多年内寒山寺曾先后5次遭到火毁，最后一次重建是在清代光绪年间。寒山寺曾是我国十大名寺之一。寺内古迹甚多，有寒山、拾得的石刻像，张继诗的石刻碑文，文徵明、唐寅所书碑文残片等。寺内主要建筑有大雄宝殿，庑殿（偏殿），藏经楼，钟楼，碑廊，枫江楼等。

寒山寺的正殿，面宽为五间，进深四间，高约12.5米。单檐歇山顶，飞甍崇脊，楼角舒展。露台的中央有一炉台铜鼎，鼎的正面铸着“一本正经”，背面有“百炼成钢”字样。传说有一次中国的僧人和道士起了争执，较量看谁的经典耐得住火烧。佛徒将《金刚经》放入铜鼎火中，经书丝毫无损。为了颂赞这段佳事，即在鼎上刻此八字以资纪念。

正殿门桅上高悬“大雄宝殿”匾额，殿内庭柱上悬挂着的楹联为赵朴初居

士所撰："千余年佛土庄严，姑苏城外寒山寺；百八杵人心警悟，阎浮夜半海潮音。"高大的须弥座用汉白玉雕筑，洁白晶莹。座上供奉释迦牟尼佛金身佛像，慈眉善目，神态安详。两侧靠墙供奉着十八尊精铁鎏金罗汉像都为明代成化年间铸造的，乃由佛教圣地五台山移置于此。

佛像背后与别处寺庙有所不同，供奉的是唐代寒山、拾得的石刻画像，而不是南海观音。画像出自清代扬州八怪之一罗聘之手，用笔大胆粗犷，线条流畅。画像中寒山右手指地，谈笑风生；拾得则袒胸露腹，欢愉静听。两人都是披头散发，憨态可掬。

寒拾殿是寒山寺里比较有特色的。此殿位于藏经楼内，楼的屋脊上雕饰着《西游记》人物故事，为唐僧师徒自西天取得真经而归的形象，主题与藏经楼的含义十分贴切。寒山、拾得二人的塑像就立于此殿中。寒山执荷枝，拾得捧净瓶，披衣袒胸，作嬉笑逗乐状，甚喜庆活泼。相传寒山、拾得是文殊和普贤两位菩萨转世，后来又被皇帝敕封为和合二仙，是祥和吉庆的象征。寒山与拾得皆喜吟诗唱偈，寒山有《寒山子诗集》存世，其诗风朴素自然，通俗易懂（有"家有寒山诗，胜汝看经卷"之说），后人又收辑拾得的诗附于其后。寒、拾塑像背后嵌有石刻千手观音画像，上有清乾隆年间苏州状元石韫玉的篆书"现千手眼"。殿内左右壁则嵌有南宋书法家张即之所书的《金刚般若波罗蜜经》，共二十七石。据说这部《金刚经》是他为追荐亡父而书的，苍劲古拙，透出英武刚烈之气。后面还有董其昌、林则徐、毕懋康、俞樾等人的题跋共十一石，其神采纷呈，各有千秋。

苏州西园寺

西园寺位于苏州神光岭南半山腰，始建于元代至元年间（1264～1294），原名“归元寺”，距今已有700多年的历史。明嘉靖（1522～1566）之末，太仆寺卿徐泰时构筑东园（今留园）时，把已经衰落的归元寺改建成宅园，名“西园”。现存殿宇多是清末民初所建的，是苏州市内规模最大的寺院，也为全国重点寺院。西园寺包括寺宇和园区，面积约6000多平方米。寺内布局严格，有大雄宝殿、观音殿、四大天王殿、五百罗汉堂和藏经楼等建筑。

殿下的上禅堂原名景德堂，景色清幽。清康熙年间由玉琳国师弟子守衍扩建，始易今名。当时九华诸寺中，西园寺香火最盛，风景最佳，殿宇最丽。上禅堂山门虽小，但大殿却宽敞明亮，金碧辉煌，所绘佛像也极为精细，雕刻杰作的艺术水平实在是很高。上禅堂曾在咸丰年间焚毁于火；同治年间又由开泰禅师募捐重建；光绪年间，由清镛禅师修建上禅堂的万佛楼。

位于西花园的放生池同样引人入胜，池内有很多鱼和鳖，大都是佛教徒所放生。其中五色鲤鱼可与杭州玉泉相媲美。池中还有一只三百多岁的大鼋，只有在炎热天气的时候才会出水一现。

安徽九华山祇园寺

祇园寺位于九华山化城寺东面的东岩山麓。与甘露寺、百岁宫和东岩禅林合称九华山四大禅林。始建于16世纪中期的明代嘉靖年间，清代多次重修和增建。民国八年，重新翻修，此后一再扩建，现在的规模为九华山全山寺院之冠。

祇园寺是九华山寺庙中唯一的宫殿式建筑，雕梁画栋、金碧辉煌。全寺包括山门、大雄宝殿、天王殿、三进殿和上百间堂屋。山门的前墙有三重琉璃飞檐，甚为壮观，门里有哼哈二将和王灵官。王灵官红脸三目、手执钢鞭。大雄宝殿内端坐有三尊金色大佛，高6米多，为九华山所有寺庙中最大的佛像，两旁列着十八罗汉，庄严肃穆。此外尚有方丈寮、挂褡寮、退居寮、拨火寮和衣钵寮等诸多房舍，回旋曲折，宛若迷宫。

祇园寺东侧是藏经楼和上客堂。藏经楼内珍藏的都是稀珍经书。其中《龙藏》，又名《清藏》，全称为《乾隆版大藏经》，完成于乾隆三年（1738），是清代唯一的官刻汉文大藏经，全藏共收经1669部、7168卷。

武当山太和山

武当山，又名“太和山”，位于湖北省丹江口市的西南部。始建于唐代贞观年间（627～649），明代是其发展的鼎盛时期。武当山在明代时被皇帝敕封为“大岳”“玄岳”，其地位在“五岳”诸山之上。武当山古建筑群主要包括太和宫、紫霄宫、南岩宫、遇真宫四座宫殿，玉虚宫和五龙宫两座宫殿遗址，以及各类庵堂祠庙等多达200余处。建筑面积为5万平方米，占地总面积达100余万平方米，规模极其庞大。

其中南岩宫位于独阳岩下，始建于元至元二十二年至元至大三年(1285～1310)，

明永乐十年（1412）扩建。南岩宫山势飞翥，状如垂天之翼，以峰峦秀美而著称。南岩宫的总体布局在九宫中是最灵活的，既严谨，又极富变化。使人带着一种“只见天门在碧霄”的幻觉，仰登天门。入南天门后，随山势转折忽急下至小天门，虽有两座大碑亭耸立眼前，但却完全突破了对称的格局。再转崇福岩，才到宫门——龙虎殿前。入内，视野略显开阔，饰栏崇台，层层叠砌。登上崇台，穿过大殿遗址，方才见到南岩石殿。

南岩石殿，额书“天乙真庆宫”。坐北朝南，立于悬崖之上。为仿木构建筑的石雕，其梁柱、檐椽、门窗、瓦面、斗拱、匾额等，均为青石雕琢，榫卯拼装。面阔3间共11米，进深有6.6米，通高6.8米，为武当山现存最大的石殿。殿体坚固壮实，斗拱雄大，但门窗纹饰刻工精细，技艺高超。其由于石构件颇为沉重，且又施工于悬崖峭壁之上，故难度很大。因此，可以说南岩石殿的建造让中国古代工匠的聪明智慧和高超技艺充分体现了出来。

位于石殿右侧的两仪殿，面临大壑，坐北朝南。歇山顶式，琉璃瓦屋面，砖木结构建筑。神龛依岩位于殿后，正面为棱花格扇门，立于前金柱上，与檐柱形成内廊，直通石殿。面阔3间，进深3.9米，通高7.29米。殿前横空挑出的为著名的龙首石，俗称“龙头香”，长3米，宽仅0.33米，下临深谷，龙头上置一小香炉，状极峻险。

南岩宫是人工与自然巧妙融合的杰作。古代画家笔下的“丹台晓晴”“仙山琼阁”等意境，在南岩宫得到了真实的体现。

浙江灵隐寺

灵隐寺，又名“云林寺”，位于浙江省杭州市西湖西北面，飞来峰与北高峰之间灵隐山麓中。两峰挟峙，深山古寺，林木耸秀，云烟万状，是一处古朴清幽、景色宜人的游览胜地。是中国佛教著名寺院，也是江南著名古刹之一，更为全国重点文物保护单位。通常认为也属于西湖景区。灵隐一带的山峰怪石嵯峨，风景绝异，印度僧人慧理称：此乃天竺国灵鹫山之小岭，不知何以飞来？故称“飞来峰”。

飞来峰，又名“灵鹫峰”，山高约168米，整个山体由石灰岩构成，与周围群山迥异。

飞来峰的特点是：无石不奇，无洞不幽，无树不古。飞来峰奇石嵯峨，钟灵毓秀，如蛟龙，似奔象；如卧虎，似惊猿，仿佛一座石质动物园。在其岩洞与沿溪的峭壁上共刻有五代、宋、元时期的摩崖造像345尊，其中最为珍贵的尤以元代藏传佛教（喇嘛教）造像，堪称我国石窟造像艺术中的瑰宝。山上老树古藤，盘根错节，岩骨暴露，峰棱如削。明人袁宏道曾盛赞：

“湖上诸峰，当以飞来为第一。”

在飞来峰西麓的绿荫深处有一冷泉掩映其中，泉水晶莹如玉，在清澈明净的池面上，有一股碗口大的地下泉水喷涌而出，无论溪水是涨是落，它都喷涌不息。

寺中的大雄宝殿高33.6米，是我国保存最好的单层重檐寺院建筑之一。

殿内正中立有贴金释迦牟尼像，净高9.1米，再加上莲花底座和佛光顶盘，高达19.69米，坐像用24块香樟木拼雕而成，庄严而精细。

大殿的两侧分列“二十诸天”和“十二圆觉”像，其神态各异，栩栩如生。

殿后侧有海岛立体群塑，共有150多尊浮雕。大雄宝殿、天王殿两侧有五代时所建的石塔和北宋开宝二年（969）所建经幢，距今已有1000多年。清康熙皇帝曾题“云林禅寺”四字。

著名的风景名胜园林

北京恭王府花园

恭王府花园位于柳荫街甲14号，为恭王府后的一处独具特色的花园，又名萃锦园。建于1777年，据考证是在明代旧园上重建的，全园占地2.8万平方米，有古建筑31处。相传恭亲王为重建花园调集上百名能工巧匠，增置山石林木，彩画斑斓。其融江南园林艺术与北方建筑格局为一体，汇西洋建筑及中国古典园林建筑为一园，建成后曾为京师百座王府之首，是北京现存王府园林艺术之精华所在，堪称“什刹海的明珠”。其中园中的西洋门、御书“福”字碑与室内大戏楼并称恭王府“三绝”。

恭王府府邸有东、中、西三组院落，后花园名“萃锦园”，有三条轴线和府邸相对应。花园东、南、西三面为马蹄形的土山所环抱。中路入园门，穿越山洞门后，豁然开朗，正中置一峰石，名“飞来峰”。峰东为“流杯亭”，峰北正中有一凹形水池，面池是一组厅堂。中部庭园有一座石山，为全园主景之所在。山前有小池，池后是山洞，可盘旋上洞顶的平台，台名“邀月台”。全园中轴线上最高点就是台上的榭，居高临下，全园景色尽收眼底。石山后面有一列书斋，名曰“蝠厅”。西路的主景是以一个长方形大水池为主的，池中心有岛，岛上有水榭。池北岸有一卷棚顶的大厅，和水榭对轴相望。东路是一组建筑庭院和戏楼，用爬山廊连起来。恭王府花园规模较大，保存较完整，是研究明清造园艺术不可多得的实例。

恭王府是府邸与宅园相结合的园林建筑。府邸部分是三组气魄雄伟的宫殿

式建筑，从府邸入园林处，是一道宛如缩小了的城关，把府邸与园子分割开来，这在我国的园林设计布局中是非常罕见的。它用城墙的门洞作为入后花园的园门，在城门洞拱券的上面，有一块上刻“榆关”二字的花岗石，这点出了与一般园林入口的不同，城墙上还保存着完整的城垛口。

城墙东西向布置，府邸在城墙之南，园子在城墙之北。城墙南北两侧皆叠置以青石假山，攀登假山，即可登上城墙。假山低处，城墙显露；假山高处，又可俯视城墙，假山与城墙浑然一体，处理得非常自然得体。

站在“榆关”之顶，只见东端竖有一块上刻“翠云岭”三字的青石非常显眼。妙就在这“翠”字上，点出了恭王府邸园城市山林的意境。北部园景，轩谢隐约、林木参差、竹影扶疏、葱茏荫郁，正是“蝉噪林逾静，鸟鸣山更幽”的好去处。

从“榆关”沿着山涧小径下行，石级时而上下蜿蜒，时而有平台过渡。下行至假山的北部，回头望去，那假山簇拥着城墙，全园似被马蹄形兜抱。以青石为主叠成的假山，使人有群峰耸翠，山石峥嵘，刚劲挺拔之感。前行，穿过“青云片”洞门，迎面有一块五米多高的太湖石峰，上刻“福来峰”三字，也称为“飞来峰”，此石既可嶂景用，也可观赏。

在这奇峰异石之东，有青石假山相对。在青石假山东面有方井一口，据说汲水顺石槽可流至“流杯亭”内。这里增建亭宇，叠石檀木，布置自然、秀雅，使人有坐石可品泉、凭栏可赏花的清意幽新之感。

在“福来岭”之北，有一泓清水横在眼前，在这水池北岸南望时，才发觉它的妙处所在。假山水池遥相呼应，高下有致，山水多变，近处独峰耸翠，秀

映清池，使人绝无孤山独水之感，还有隐露于山林中的城墙，更有“一城山水半城湖，全城尽在湖水中”的画意。在这里，方使人体会到此种山、水、城、亭、绿等组景布局的手法的奥妙了，堪称园林艺术的佳作。

从这里再往东，有一组“凤尾森森，龙吟细细”的小庭院，院落幽深而清静，园内回廊曲折，翠竹摇曳，与山石水形成封闭与开朗的对比，成为园中之园。传说，这里也曾是林黛玉住过的“潇湘馆”。回廊将此庭院内戏楼和该园的主要建筑后堂相连接。后堂位于园邸中轴线的中心位置，在后堂的北面，便是全园的主景部分——观月台了。

观月台位于假山的顶部，山前临一池湖水，池中点以玲珑的山石，假山的结构是上为台，下为洞，湖石叠置，横卧、悬挑很有章法，台上建榭，下为洞壑。洞内正中，有康熙手书“福”字碑。洞之东西各有一登山盘道，盘上洞顶，是自然式的小平台，由此拾级而上，可达顶部平台，台上之树是全园中轴线上最高点。

从观月台北面沿叠石假山下来，就到最后一排书斋，以它为主组成了最后一进庭院。它是全园的收尾处。此处登山盘道与书斋建筑相连，山脚悬挑与建筑台基相接，下面腾空的台基与东西走向的通道组成了别出心裁的立体交通。

恭王府整个园邸平面近似方形，东西长约170米，南北宽约150米，总面积约为25000余平方米。由于恭王府园邸中一些景点与曹雪芹所描写的大观园景点有许多相似之处，使该园成了注目之地。而目前的恭王府，至今保存完好，这确实是非常可贵的，1983年开始修整。

至于这所府邸和园邸是否就是《红楼梦》中的荣国府，这不好说。但是在这深宅大院里，类似贾母、贾政、薛宝钗、王熙凤等这样的人物，在这里住过，那是可以肯定的。到底是曹雪芹以它为蓝本来写“大观园”的，还是恭王府中的园邸以曹雪芹所设计的大观园来布置恭王府的，这都需要以认真的态度来考证。

北京故宫御花园

御花园位于北京故宫中轴线的最北端，在坤宁宫后面，明代时称“宫后苑”，清雍正起称“御花园”。始建于明永乐十五年（1417），永乐十八年(1420)建成，后曾有增建，现仍保留初建时的基本格局。御花园原为帝王后妃休息、享乐而建，但也有祭祀、藏书、读书、颐养等用途。园中不少殿宇和树石，都为明代遗物。

御花园占地约为11000多平方米，全园南北宽80米，东西长约140米，共有建筑二十余处。园内建筑布局舒展而不零散，对称而不呆板，各式建筑，无论是依墙而建还是亭台独立，均玲珑别致、疏密适宜。

御花园以钦安殿为中心，园林建筑采用左右对称、主次相辅的格局，其布局紧凑、古典富丽。钦安殿为重檐盝顶式，坐落于紫禁城的南北中轴线上，御花园以其为中心，向前方及两侧铺展楼阁亭台。园内山石点缀着青翠的松、柏、竹，形成四季常青的园林景观。钦安殿左右共有四座亭子：北边的浮碧亭和澄瑞亭，都为一式方亭，跨于水池之上，只在朝南的一面伸出抱厦；南面的万春亭和千秋亭，为四出抱厦组成的十字折角平面的多角亭，屋顶为天圆地方的重檐攒尖，两座对亭造型纤巧秀丽，十分精美，为御花园增色不少。

倚北宫墙为太湖石叠筑的石山“堆秀”，磴道陡峭，山势险峻，叠石手法甚为新颖。山上的御景亭是帝、后们重阳节登高的去处。园中奇石罗布，佳木葱茏。其古柏藤萝，皆数百年之物，将花园点缀得情趣盎然。园内现存古树有160余株，散布在园内各处，又放置各色山石盆景，千奇百怪。绛雪轩前摆放着

一段木化石做成的盆景，乍看似一段久经暴晒的朽木，敲之却铿然有声，确为石质，甚为珍贵。园内甬路均为不同颜色的卵石精心铺砌而成，组成900余幅不同的图案，有人物、典故、花卉、戏剧、景物等，沿路观赏，妙趣无穷。

园内建筑均采取了中轴对称的布局。东西两路建筑基本对称，东路建筑有堆秀山御景亭、浮碧亭、摛藻堂、绛雪轩、万春亭；西路建筑有延辉阁、澄瑞亭、千秋亭、位育斋、养性斋，还有四神祠、鹿台、井亭等。这些建筑绝大多数为游憩观赏或敬神礼佛之用，唯有摛藻堂从乾隆时起，排贮《四库全书荟要》。建筑多倚围墙而建，只以少数造型精美的亭台立于园中，空间甚为舒广。

北京景山

景山坐落在京城南北中轴线上，位于北京市西城区景山前街北侧，是一座优美别致的明清时期的皇家园林，早在金代这里就堆土成丘，元代辟为皇室禁苑名为“青山”，明永乐年间又将挖护城河的泥土及拆卸南移城垣的渣土堆积于此，叠砌成一座高大的土山取名“万岁山”。清顺治十二年（1655）将此山改名为“景山”，并于乾隆年间（1749～1751）进行了大规模的扩建，先后建有寿皇殿、绮望楼、周赏亭、观妙亭、辑芳亭、万春亭、富揽亭。占地面积23公顷，山高43米，该处是北京市内登高俯瞰京城、观赏紫禁城全景的最好地方。封建帝王常到此赏花、饮宴、射箭、登山观景。

景山由五座山峰所组成，清乾隆十五年（1750）在山顶建五个亭：中峰的叫“万春”亭，东侧的是“周赏”，西侧的名“富览”，外两侧的两个亭子分别是东为“观妙”、西为“辑芳”。位于中间的主亭“万春亭”，是景山的标志性建筑。五个亭子的琉璃瓦顶金碧辉煌，四周有古松翠柏环抱，豁然壮观。

山前的“绮望楼”，是皇帝供奉孔子的地方。山后有寿皇

殿、永思殿和观德殿。寿皇殿建于乾隆十四年（1749），是仿照圆明园安佑宫而建的，是供奉清帝列祖列宗影像的地方。位于寿皇殿之东的观德殿和永思殿分别是明宫廷习箭及历代帝后停灵的地方。

景山的建筑从大到小都可以算得上是古代建筑中的佳作，构成了北京历史风貌的独特景观，具有极高的历史和艺术价值。

1949年新中国成立后，人民政府对景山进行了全面的整理，修缮了古建筑物，重铺了园路、山道，栽种了各种花木，增添了服务设施，使这里成为国内外游人所喜爱的游览胜地，被列为北京市重点文物保护单位。

西安华清池

华清池，也叫“华清宫”，位于西安东约30千米的临潼骊山北麓，紧倚临潼城区，其历史悠久，堪称中国现存最古老的园林。相传在3000年前，周幽王就曾在这里修建过骊宫；秦始皇时以石筑，名曰“骊山汤”；汉武帝时扩建为离宫；到唐太宗贞观十八年（644）和唐玄宗天宝六年（747）又两次大肆扩建，治汤井为池、环山列宫室、宫周筑罗城，改名“华清池”。白居易在《长恨歌》中留有“春寒赐浴华清池，温泉水滑洗凝脂”的名句。华清池是中国著名的温泉胜地。1982年被列入中国第一批重点风景名胜区；1996年国务院公布唐华清宫遗址为中国第四批重点文物保护单位。

如今的华清池园内西北部是九龙湖及环湖所建的殿、亭、阁、舫和回廊；南部为唐华宫御汤遗址博物馆。其中“莲花汤”是唐玄宗李隆基沐浴之地，“海棠汤”则为杨贵妃沐浴汤池。此外，还有“太子汤”“星辰汤”“尚食汤”等附属汤池。再现了盛唐皇家，气魄恢宏、富丽华贵的历史风貌。园内的东南部是环园故址望河亭、荷花阁、望湖楼、飞虹桥、飞霞阁、桐荫轩、棋亭、碑亭及“西安事变”时蒋介石下榻的五间厅等。历经一个世纪的风雨洗礼，环园更显得古朴雅致。东北部汤池星罗棋布，以沐浴游览区著称于世。园内景色宜人，风景如画，碧波粼粼，垂柳依依，让人心旷神怡。

九龙湖景区内柳石匝岸，龙桥卧波，龙吐清泉，湖光粼粼。沉香殿、飞霜殿、宜春殿、龙石舫、龙吟榭、九曲回廊等十多座古式建筑雕梁画栋、金碧辉煌，环湖而列、错落有致。牛、狮、象等石雕及自然碑石点缀其间、相映成趣。游人至此，心旷神怡，难辨天上人间。

1959年，郭沫若先生游览华清池后感慨万分，挥笔写下“华清池水色青苍，此日规模越盛唐”，恰到好处地概括了华清池的风貌与发展。近年来，唐华清宫遗址区内相继发掘并出土了我国现存唯一一处皇家御用汤池群落以及我国最早的一所皇家艺术院校，并在其遗址上建起了唐御汤遗址博物馆和唐梨园艺术陈列馆。以翔实的文物资料展示出了华清池6000年的沐浴史和3000年的皇家园林史，从另一面再现了盛极一时的唐代遗风。

1998年，华清池跻身百名“中国名园”之列。

苏州拙政园

拙政园位于苏州市东北隅，始建于明正德四年，其园为明代御史王献臣弃官归乡后所建，取“拙者为政”之意。建园时，王献臣曾请著名画家文徵明为其设计。王献臣死后，园主人频繁更换。咸丰十年（1860）太平军进驻苏州，拙政园为忠王府。拙政园与避暑山庄、留园、颐和园齐名，该园是中国四大名园之首、全国特殊游览参观点之一、全国重点文物保护单位和世界文化遗产。如今的园貌多为清末时所建成，占地55000余平方米，开放面积为48000余平方米，是目前苏州园林中面积最大的古园林。园内分东、中、西三部分，中部为主景，是以水为中心的，水的面积约占五分之三。几乎所有建筑都临水，环水有南轩、远香堂、澄观楼、宜两亭、浮翠阁、枇杷园、见山楼、玲珑馆等轩榭楼阁，并以漏窗、回廊相连，园内山石嶙峋，古木参天，花卉绚丽，绿竹万

竿。拙政园，这一大型古典豪华园林，以其布局的山岛、松岗、竹坞、曲水之趣，被誉为“天下园林之典范”。其特点是园林的分割和布局非常巧妙，充分采用了对景和借景等造园艺术，代表了明代园林建筑的风格。

东部原名“归田园居”，是因明崇祯四年（1631），园东部归侍郎王心一而得名。面积为2万余平方米，因旧园早已荒芜，现全部为新建的，布局以松林草坪、平冈远山、竹坞曲水为主。配以山池亭榭，仍保有疏朗明快的风格，主要建筑均为移建，有芙蓉榭、兰雪堂、天泉亭、缀云峰等。

中部是拙政园的主景区，为全园精华所在。面积为12000余平方米。其总体布局是以水池为中心的，临水而建有亭台楼榭，有的亭榭则直出水中，具有江南水乡之特色。池广树茂，景色自然，临水的建筑形体不一、高低错落、主次分明。总的格局仍保有明代园林质朴、浑厚、疏朗的艺术风格。“远香堂”以荷香喻人品，为中部拙政园主景区的主体建筑，位于水池南岸，与东西两山岛隔池相望，池内遍植荷花，水清澈广阔，山岛上林荫匝地，岛上各建一亭，东为“待霜亭”，西为“雪香云蔚亭”，四季景色因时而异。岸边藤萝粉披，两山溪谷间架有小桥，位于远香堂之西的“倚玉轩”与其西船舫形的“香洲”（“香洲”名取自香草喻性情高傲之意）遥遥相对，两者又与其北面的“荷风四面亭”成三足鼎立之势，均可随势赏荷。“倚玉轩”之西有一曲水湾深入位于南部的宅子，这里有三间水阁“小沧浪”，北面的廊桥“小飞虹”将它分隔，构成一个幽静的水院。

西部原名“补园”，面积约为8000余平方米，其布局紧凑，水面迂回，亭阁依山傍水而建。因被大加改建，所以以乾隆后形成的工巧、造作的艺术风格为主，但水石部分仍接近于中部景区，曲折、起伏、凌波而过的溪涧、水廊则是苏州园林造园艺术的佳作。西部的主要建筑为靠近住宅一侧的“三十六鸳鸯馆”，是当时园主人宴请宾客和听曲的场所，厅内陈设考究。“三十六鸳鸯馆”的水池呈曲尺形，其特点为台馆分峙，装饰华丽而精美。回廊起伏，水波倒影，别有一番情趣。西部另一主要建筑乃为扇亭的“与谁同坐轩”，扇面两侧的实墙上开有两个扇形空窗，一个对着“倒影楼”，另一个则对着“三十六

鸳鸯馆”，后面的窗中又正好映入山上的“笠亭”，而“笠亭”的顶盖又恰好配成一个完整的扇子。“与谁同坐”则取自苏东坡的词句“与谁同坐，明月，清风，我”西部其他建筑还有宜两亭、留听阁、倒影楼、水廊等。

拙政园为全国重点文物保护单位，是国家5A级旅游景区和全国特殊旅游参观点，有“中国园林之母”的美誉。1997年被联合国教科文组织列为世界文化遗产。

小故事

相传明代画家文徵明，对拙政园的一亭一榭、一草一木均怀有深深的眷恋之情，取曾居园中的唐代诗人陆龟蒙“旷若郊墅”之诗意；赋《拙政园若野堂》诗。其诗曰：“会心何必在郊垌，近圃分明见远情。流水断桥春草色，槿离茅屋午鸡声。绝怜人境无车马，信有山林在市城。不负昔贤高隐地，手携书卷课童耕。”

园内湖畔，泊有旱船石舫“香洲”，上高悬文徵明手书“香洲”匾额。古人云之“不系舟”，乃象征不受官场羁绊，悠然自在泛舟湖上的淡泊文人情趣。文徵明常与文友于园中吟诗作画，绘图三十一幅，并各有题诗言志。题《小飞虹》诗云：“我来仿佛踏金鳌，愿挥尘世从琴高。”

当年文徵明于老园门西侧（今太平天国忠王府旧戏厅庭院）园中所植紫藤树，现仍藤枝累挂，香花串串，生机蓬发，人称“一绝”。佐近白色粉墙嵌有文氏欣然命笔之“蒙茸一架自成林”句。

苏州怡园

怡园位于江苏省苏州市中心人民路中段，为浙江宁绍台道顾文彬始建于清同治十三年（1874），至光绪八年（1882）全园建成。怡园在苏州园林中建造最晚，吸取了苏州各古典园林在建造风格之特色，而自成一格。全园东西狭长，面积约为6000平方米。园景分为东西两部，其间以复廊相隔，廊壁花窗，沟通东西之景。廊东以庭院建筑为主，曲廊环绕，缀以花木石峰，从曲廊空窗望去皆成意蕴丰富的山水画。廊西为全园主景区，居中有一水池，环以花木、假山及建筑。中部水面聚集，并建水门、曲桥，以示池水回环、涓涓不尽之意。池北假山，全用优美湖石堆叠，山虽不高但有峰峦洞谷，与树木山亭相映。

园北侧有一小门楼，玲珑雅致，颇具特色。门前有石狮一对，精雕细琢，栩栩如生。走进门楼，便入园中，只见亭榭隐约，假山逶迤，竹影摇曳，棠云梨雨，鸟语花香，景色幽雅怡人。园内筑有清青园、岚漪亭、绿滋斋、凉洞亭、清止阁、适我堂、醉石轩等，庄重典雅，独具匠心。置身其中，宛入仙境，令人心旷神怡，倍感舒畅。清澈碧绿的范泉之水一路潺潺北来，更为怡园增添了生机。园中景色俏丽，皆有可观，而清音阁尤为园林结构之佳作。清音阁高檐翼展，辅石导水，回廊曲榭，环阁而流。丹

窗青瓦，阁脊上的小动物造型更是惟妙惟肖。阁的四周围护以几根方石柱，给人以古朴厚重之感。临南方池名曰“鸢飞鱼跃”，光开如奁，锦鳞嬉戏其间。水自石龙口中泻于池中，莲盆承之，喷珠溅玉，若在清音阁下层雪洞中仰观飞瀑直下，似置身于水帘洞之中，令人好不惬意。

怡园主要景点有玉延亭、拜石轩（岁寒草庐）、坡仙琴馆（石听琴室）、四时潇洒亭、玉虹亭、碧梧栖凤馆、石舫、锁绿轩、面壁亭、小沧浪亭、画舫斋、复廊、藕香榭（锄月轩）、书条石等。

玉延亭——此处原为一片竹林，取“万竿戛玉、一笠延秋，洒然清风”诗意而名。“万竿戛玉”即风吹竹林摇摆而发出玉石的响声。亭中镶有董其昌草书石刻：“静坐参众妙，法谭适我情。”

拜石轩（又名“岁寒草庐”）——为怡园东园主要建筑，传宋米芾爱石成癖，见怪石即拜，故称为“米颠拜石”。此轩北面庭院多奇石，故名“拜石轩”。轩南面天井遍植松柏、方竹、冬青、山茶，皆经冬不凋，凌寒独茂，故又称“岁寒草庐”。方竹为怡园特色之一，今在“拜石轩”内可听苏州评弹及古曲演奏，也是怡园一特色。

坡仙琴馆（石听琴室）——分东西两部分，东为“坡仙琴馆”，悬有吴云手书额并加跋旧藏宋代苏东坡“玉涧流泉琴”，故名。西即“石听琴室”，传昔顾文彬得翁方纲手书“石听琴室”旧额，加跋悬于宅内。室外庭院中还有一湖石如伛偻老人作俯首听琴状。

玉虹亭——取陆游“落涧奔泉舞玉虹”诗句命名，亭侧壁上嵌有元四大画家之一的吴仲圭（号梅花道人）精妙的石刻画竹。

石舫——室内石台、石凳原均系

白石砍削成，并且屋作舫形，故名“石舫”，又称“白石精舍”。内悬郑板桥对联“室雅何须大，花香不在多”。

画舫斋——又称“松籁阁”。此斋作画舫形，为旱船，船头部分深入水池之中，斋前水面虽小，却有船泊于船坞的意趣，故名。斋北原为一片松林，绿溪种樱桃、石榴、紫薇、梅杏之树，花四时不绝，落英缤纷，松阴满径，其景为园中最幽处，曲园先生摘司空表圣句作匾额“碧涧之曲，古松之阴”。楼阁上最宜听松涛声，故又称“松籁阁”。

碧梧楼凤馆——取白居易“楼凤安于梧，潜鱼东于藻”诗意命名。馆藏于桐阴深处，桐下植凤尾竹，正符馆意。

面壁亭——相传达摩折苇渡江，止嵩山少林寺，面壁悟道。此亭面对石壁，壁置明镜，使人面壁对镜，故名“面壁亭”。

小沧浪亭——亭南依绿波涟漪的荷花池，取《楚辞》“沧浪之水清兮，可以濯吾缨；沧浪之水浊兮，可以濯吾足”句意而得名。亭为六角形，仅设壁在朝北的一面，上开六角形漏窗，立于亭中可纵览全园景色。亭东北的三块造型独特的太湖石，为怡园镇园之宝。

藕香榭（锄月轩）——为全园主厅，鸳鸯厅式，厅北取自杜甫“疏树空云色，茵陈春藕香”而得名，又名“荷花厅”，盛夏可赏荷观鱼，室内陈列黄杨、楠木树根桌椅，半天然、半人工；窗棂外形优美，造型与构图又极具特色，窗很大，美景极易映入眼帘。厅南“锄月轩”取自元萨都剌诗“今日归来如昨梦，自锄明月种梅花”而得名，因旧时轩南植梅花百株，故又名“梅花厅”；严冬经暖阁可望雪寻梅。轩中“梅花厅事”扁下刻有“怡园记”全文。

复廊——复廊位于怡园东西两部分之间。复廊上有十二方漏窗，图案各异，两面可相互借景，设计奇巧。

书条石——在怡园廊壁上嵌有101块历代书法家王羲之、怀素、米芾等书法的刻石，称为“怡园法帖”。集中分布在西部“画舫斋”南侧的长廊上。

单单就“玉枕”兰亭、东林五君子两件书册，就已经是罕见的珍藏。其中的《兰亭集序》刻石是“玉枕”兰亭。相传王羲之《兰亭集序》墨迹已在唐贞观二十三年（649）为唐太宗李世民殉葬。宋时，贾似道得到与真迹一模一样的用芪蒙在墨迹上的摹本，由工匠花一年半时间将其精心镌刻在玉枕上，保存了王羲之的真迹。这块刻石就是根据宋拓本勾摹复刻的，十分珍贵。

小故事

关于怡园的兴建，有一个传说。相传，当时朝中有人向皇上密报，言赵进美在其故乡益都县颜神镇大兴土木修建宫殿，其规模与皇宫一般。皇上大怒，随即差人连夜前往打探虚实。赵家得此消息，连夜将园中的一座大殿取名为“吕祖祠”，来人无获而归，赵家幸免于难。

江苏扬州个园

个园坐落在江苏省扬州市郊的东关街，是一处典型的私家住宅园林。其前身是清初的“寿芝园”。嘉庆、道光年间，两淮盐商黄至筠购得此园并加以改建。主人名“至筠”，“筠”亦借指竹，以为名“个园”。园内又种竹千杆，以竹石取胜，因竹子顶部的每三片竹叶都可以形成“个”字，在白墙上的影子也是“个”字，故名“个园”。其应和了庭园里各色竹子，主人的情趣和心智。1988年个园被国务院授予第三批“全国重点文物保护单位”。“扬州以名园胜，名园以叠石胜”。个园则是以竹石为主体，以分峰用石为特色的城市山林。前人谓“掇山由绘事而来”，个园掇山颇饶画理，在似与不似之间，引人无限遐想。园内山峰挺拔，气势磅礴，给人以假山真味之感。园中有宜雨轩、拂云亭、抱山楼、透月轩、住秋阁等建筑，与假山水池交相辉映，再配以古树名木，更显古朴典雅。个园用不同的石头，分别表现春夏秋冬之景，号称“四季假山”。有春山艳冶而如笑，夏山苍翠而如滴，秋山明净而如妆，冬山惨淡而如睡，和“春山宜游，夏山宜看，秋山宜登，冬山宜居”的诗情画意，无不生动形象。

个园，从住宅进入园林，映入眼帘的是月洞

形园门。门上石额书写“个园”二字，“个”者，竹叶之形，园门两侧各种竹子枝叶扶疏，“月映竹成千个字”，与门额相辉映；白果峰穿插其间，犹如一根根茁壮的春笋。透过春景后的园门和两旁典雅的漏窗，又可瞥见园内景色，花树、楼台映现其间，引人入胜。进入园门向西拐，是与春景相接的一大片竹林。竹林茂密、幽深，无不展现出了生机勃勃的春天景象。

在园中西北角，由玲珑剔透的湖石叠成。山前有池水，山下有洞室，水上有曲梁。山上葱郁，秀丽婀娜，巧夺天工。洞室可以穿行，拾级登山，数转而达山顶。山顶有一亭，傍依老松虬曲，凌云欲去。山上磴道，东接长楼，与黄石山相连。

园中东北角，用粗犷的黄石叠成，拔地而起，险峻摩空。山顶建一四方亭，山隙古柏斜伸，再配以嶙峋山，石宛如苍古奇拙的画面。山上有三条磴道，一条两折之后仍回原地，一条可行两转，逢绝壁而返，惟中间一条，可以深入群峰之间或下至山腹的幽室。在山洞中左登右攀，境界各殊，有石室、石桌、石凳、一线天、山顶洞，还有深谷绝涧，石桥飞梁，有平面的迂回，又有立体的盘曲，山上山下，都与楼阁相通，在有限的空间里给人以无尽之感，其堆叠之精，构筑之妙，可以说是达到了登峰造极，在现今江南园林中成为仅存孤例。

园中有“宜雨轩”“拂云亭”“抱山楼”“透月轩”“住秋阁”等建筑，与假山水池交相辉映，配以古树名木，更显古朴典雅。

南为此园入口，中部有二池：东池以小桥划水域；池南有园中主要建筑“桂花厅”，面阔三间，单檐歇山；池北有一六角亭；西池较小，北岸砌有湖石假山，南岸为竹林。园北有二层园林建筑，长达11间。

个园四季风景如画。春景

在桂花厅南的入口处，沿花墙布置石笋，犹如春竹出土，又竹林呼应，增加了春天的气息。夏景在园的西北，湖面假山临池，涧谷幽邃，秀木阴郁，水声潺潺，清幽无比。秋景为黄石假山，悬崖峭壁，拔地数仞，洞中设置登道，盘旋而上，步异景变，引人入胜。冬季在东南小庭院中，假山倚墙叠置色洁白、体圆浑的宣石(雪石），犹如白雪皑皑未消，在南墙上又开四行圆孔，利用狭巷高墙的气流所产生的北风呼啸的效果，形成冬天大风雪的气氛。而又开一圆洞空窗在小庭院的西墙上，可以看到春山景处的茶花、翠竹，又如严冬已过，美好的春天已经来临。这种构思设想，使园林空间的变化极具新意。

小故事

个园富丽雄奇，风姿绰约，其景致尽见于清嘉庆二十三年（1818）中秋刘凤浩所作的《个园记》（刻石嵌于个园抱山楼下正面墙壁）：

（个园）“堂皇翼翼，曲廊邃宇，周以虚栏，散以层楼。叠石为小山，通泉为平池，绿梦袅烟而依回，嘉树晴而蓊，爽深，各极其致。以其自营心构之所得，不出户而壶天自春，尘马皆息。于是娱情养，授经廷过，暇肃宾客，幽赏与共，雍雍蔼蔼，善气积而和风生焉。

主人性爱竹，盖以竹本固，君子见其竹，则思树德之先沃其根；竹心虚，君子观其心，则思应用之势务宏其量；至夫体直而节贞，则立身砥行之。攸系者实大且远，岂独冬青夏彩，玉润碧鲜，着斯绿筱荡之美云尔哉！主人爱称曰：‘个园’。”

“园之中，珍卉丛生，随候异色，物象意趣，远胜于子山所云‘则八九丈，丛斜数十步，榆柳两三行，桃李白余树’者……”

瘦西湖

瘦西湖位于江苏省扬州市西北部，因湖面瘦长，故称“瘦西湖”。瘦西湖全长4.3千米，占地30万平方米，窈窕曲折的湖道，迤逦伸展，串以长堤春柳、徐园、四桥烟雨、白塔、小金山、五亭桥、吹台、二十四桥、熙春台、玲珑花界、吟月茶楼、望春楼、石壁流淙、湖滨长廊、静香书屋等两岸景点，宛若一幅天然秀美的国画长卷，又恰似神女的腰带，媚态动人。清康熙、乾隆二帝曾数次南巡扬州，当地的豪绅争相建园，遂得“园林之盛，甲于天下”之说。

“长堤春柳”是扬州二十四景之一。长堤在湖西岸，长数百米。堤边一株杨柳一株桃，相互映衬，是赏春的好地方。缘长堤走到尽头，便见一圆洞门，上书“徐园”二字。门内是遍植荷花的一池清水，池周

点缀各种形态的山石，几株翠柳迎风摆动，景色宜人。园内正厅“听鹂馆”，构造精致，陈设古雅。正面有屏风式样红木护墙板壁，每屏有清代山水瓷画五块，外复玻璃，工艺精美。湖中一小岛“小金山”，原名“长春岭”，建于清代中叶。当时扬州豪绅为了打通瘦西湖至大明寺的水上通道，在瘦西湖之西北挖了莲花埂新河，挖河的土堆成了一座小山，乃今天的小金山。小金山四面环水，水随山转，山因水活。山顶有“风亭”一座，为全园最高点。小金山西麓有一堤通入湖中，堤端为一名“吹台”的方亭。相传乾隆皇帝在这里钓过鱼，因而又叫“钓鱼台”。“钓鱼台”三面临水，各有圆门一孔。从“钓鱼台”前右侧望去，正中圆洞恰好收入“五亭桥”一景，左面圆洞正好收入“白塔”一景，俨然两张独幅画面，其借景手法之巧，令人钦佩。“月观”是临湖而建的厅堂，四面皆为格扇，堂后是桂园。当八月桂花盛开之际，推窗赏月，清香四溢，天上水下两景同收眼底，此情此景，甚为动人。

“五亭桥”建造在瘦西湖上，犹如湖的一根腰带。桥上建有五座亭子，故名“五亭桥”。这座极具特色且美丽的桥，已经成为扬州风景线的一个标志。

“五亭桥”是清代扬州两淮盐运使为了迎接乾隆南巡，特请能工巧匠设计建造的。桥的造型典雅秀丽，黄瓦朱柱，配以白色栏杆，亭内彩绘藻井，富丽堂皇，是南方建筑所特有的设计风格。而桥下则是具有北方建筑特色的厚实桥墩，完美地把南北方建筑艺术，把园林设计和桥梁工程结合起来。“五亭桥”有15个桥洞，十五月圆之夜，每洞各衔一月，15个圆月均倒悬水中，争相辉映，泛舟穿插洞间，别具情趣。“凫庄”在“五亭桥”东，是一深入湖中的小岛，岛上有一临水建筑，远远望去，如浮在水上的鸭子。“白塔”距“五亭”桥不远，共分三层，为砖石结构，上置青铜鎏金塔顶；中层为完室，均作圆形；下层为台基，作正方形。整个造型是模仿北京北海公园喇嘛塔的形式构造的。

在清秀婉曲的瘦西湖两岸，缀以融南秀北雄于一炉的扬州古典园林群，形成移步换景、相互因借的山水长轴；名寺古刹和古城墙垣绵延相属；名胜古迹和历史遗存散布其间；风韵独具的自然风光和含蕴丰厚的人文景观相映生辉，是镶嵌在历史文化名城中的一颗璀璨明珠。

南京莫愁湖

莫愁湖位于江苏省南京市水西门外，六朝时这里还是长江的一部分，唐时叫“横塘”，后来由于长江和秦淮河的河道变迁而逐渐形成了湖泊，北宋乐史著的《太平寰宇记》中最早开始有“莫愁湖”之名。总面积47公顷，周长5千米。清乾隆时期江宁知府李尧栋营建湖心亭、郁金堂、赏荷亭等，道光年间又建长廊、六宜亭，配以曲榭，并广植花柳莲荷，清朝时莫愁湖曾被誉为“金陵第一名胜”。咸丰时曾被毁于战事，同治年间又得以重建。辛亥革命后曾在湖

畔建“粤军殉难烈士之墓”，墓前的“建国成仁”碑为孙中山先生手书。1929年此湖被辟为公园，1953年大加修葺，增建待渡亭、水榭等，并重雕莫愁女像。莫愁湖自古有“金陵第一名胜”“江南第一名湖”和“金陵四十八景之首”等美誉。

现在的公园面积为583600公顷，其中水面为323600公顷。园内楼亭轩榭，堤岸垂柳，水中海棠，均错落有致。胜棋楼、水榭、抱月楼、郁金堂、曲径回廊等掩映在山石松竹、花木绿荫之中。

莫愁湖内湖面宽阔，盛产莲荷，莲花十顷更是六代名湖引人入胜之处。早在明清，莫愁湖就有了大量莲花，每逢盛夏，莲花盛开，翠盖红花，香风阵阵，恍若绝代的凌波仙子，出淤泥而不染。

莫愁湖公园还是国内首家品种最多、栽植规模最大的菖蒲专类园。园中菖蒲遍植，以道路为界划分为黄菖蒲栽植区、溪荪栽植区、燕子花栽植区、品种栽植区。园内花卉品种丰富、色彩艳丽、花型多变、花瓣各异，形成了美丽的自然景观。鸢尾专类植物不同品种分别适生于旱地、水体等不同的生态环境，是一类观赏价值很高的园林花卉。经过多年的引种栽培，现有品种花菖蒲为214个、溪荪53个、燕子花4个。

小故事

莫愁湖之名，一说是南齐时洛阳少女卢莫愁远嫁江东，居于湖滨而得名，如梁武帝《河中之水歌》中所描述的：“河中之水向东流，洛阳女儿名莫愁。莫愁十三能织绮，十四采桑南陌头，十五嫁为卢家妇……”还有一说是卢莫愁是南齐时的名歌妓，善于歌唱《石城乐》（又名《莫愁乐》）。《太平寰宇记》：“莫愁湖在三山门外，昔有妓卢莫愁家此，故名。”自约600年前的明代初年，莫愁湖逐渐发展成为著名的园林。当时，筑楼于湖上，相传明朝开国元勋徐达在楼中与太祖下棋，徐达胜出，太祖因此把此湖赐给他作为私人园林，对弈之楼即称为“胜棋楼”，凭栏远眺，湖光在望，是全湖风景最佳之地。

济南大明湖

大明湖位于济南城北部，是济南三大名胜之一。大明湖历史悠久，其名始于北魏郦道元《水经注》，书中载有“泺水北流为大明湖，西即大明寺，东西两面则湖”。宋代时称“四望湖”，后渐堙塞。金代起，在元好问的《济南行记》中始称“大明湖”。马可·波罗在《中国游记》中写道：“园林美丽，堪悦心目，山色湖光，应接不暇。”大明湖是繁华都市中一处难得的天然湖泊，也是泉城重要的风景名胜和开放窗口。面积甚大，几乎占了旧城的四分之一。市区诸泉在此汇聚后，经北水门流入小清河。有“蛇不见，蛙不鸣；淫雨不涨，久旱不涸”的特点。现今湖面约460万平方米，公园面积约860万平方米，

湖面约占53%，平均水深2米左右，最深处达4米。2009年，大明湖荣膺中国世界纪录协会中国第一泉水湖。

一湖烟水，绿树蔽空，碧波间景色佳丽，菡萏映日。公园内亭楼台榭，曲径回廊，文人墨迹，错落其间。其中清人刘凤诰“四面荷花三面柳，一城山色半城湖”的对联，尤为人们所称颂。沿湖水榭长廊，亭台楼阁，参差有致。湖南有遐园、稼轩祠、秋柳园、明湖居；湖东北有张公祠、南丰祠、汇波楼、北极阁；湖北有小沧浪、铁公祠；湖中有汇泉堂、历下亭等名胜古迹。

历下亭，上悬清高宗御书“历下亭”匾额。亭前楹联取自杜甫的诗句“海右此亭古，济南名士多”。古历下亭原在五龙潭一带，宋以后迁至今大明湖南畔，今历下亭建于清康熙年间，历来为文人会集之地。

大明湖堤柳夹岸，莲荷叠翠，水色澄碧，水榭点缀其间，南面千佛山倒映湖中，形成一幅天然画卷，沿湖的亭台楼阁，水榭长廊错落有致，湖南面有清宣统年间仿江南园林建造的遐园。遐园内曲桥流水、幽径回廊、假山

亭台、十分雅致，被称为“济南第一庭园”。登临湖边假山上的浩然亭，大明湖的景色一览无余。湖对面北岸高台上有元代建的北格阁，依阁南望，楼台烟树，远山近水，皆成图画。

大明湖景色优美秀丽，湖上荷花满塘，鸢飞鱼跃，画舫穿行，岸边杨柳阴浓，繁花似锦，游人如织，其间又点缀着各色亭台楼阁，远山近水与晴空融为一色，犹如一幅巨大的彩色画卷。大明湖一年四季美景纷呈，尤以秋天最为宜人，天高气爽的。春日，湖上暖风吹拂，微波荡漾，柳丝轻摇；夏日，湖中荷浪迷人，嫣红点点，葱绿片片；秋日，湖中水鸟翱翔，芦花飞舞；冬日，湖面虽暂失碧波，但银装素裹，分外妖娆。

大明湖历史悠久，景色秀美，闻名遐迩，游客众多，每年接待国内外游客约200万人次，在济南诸公园中为最多。

大明湖自然景色秀美，名胜古迹争辉。沿湖环绕八百余株垂柳，婀娜点水，柔枝垂绿。湖中现有26000余平方米荷池，白荷红莲，碧叶田田，争奇斗艳，交相辉映，荷香飘溢，沁人心脾。湖面上波光粼粼，时有鱼儿跳波，偶见鸢鸟掠水。碧波之上，小舟荡波，画舫穿行。各处游客云集，欢声笑语，指点观赏，一派繁华胜景，俨若北国江南。若于湖之北岸远眺，南山苍翠，环列似屏，倒映入湖，画图难足。漫游湖畔，处处花繁叶茂，点点亭台楼阁掩映绿荫之间，铁公祠、历下亭、北极庙、汇波楼等二十多处胜景，令人应接不暇，可谓步移景换，游趣无穷。济南八景中的汇波晚照，鹊华烟雨，佛山倒影，明湖泛舟均可在湖上观赏。

拉萨罗布林卡

罗布林卡，藏语意为“宝贝园”，位于布达拉宫西约1千米，是一所白墙环绕的花园。全园面积约为320万平方米，200多年前，此地灌木丛生、野兽出没，人称“拉瓦采”（荆棘灌木林）。现在园内古树参天，金顶红房隐现于繁阴之中，幽邃而秀美，深为藏族群众所喜爱。

拉萨河旧道曾从这片丛林穿过。相传七世达赖在哲蚌寺学经期间，经常生病，老喇嘛劝他到拉瓦采进行沐浴治疗。于是在河边搭起了帐篷，继而驻藏大臣又为他修建了乌尧颇章（凉亭宫）。如此一来，七世达赖索性在此修起了自己的格桑颇章（宫殿），在这儿消暑和理政。因为这里既可以治病，又能

舒展闲情逸致，甚为达赖喜爱，他便把拉瓦采改称为罗布林卡。

从此，罗布林卡就成了历代达赖夏季进行政务和宗教活动的夏宫。沐浴，也渐渐演变成了宗教仪式。八世达赖时期，恰白康（阅书室）、鲁康（龙王庙）、曲然（讲经院）、措几颇章（湖心宫）陆续建起。当康松司伦（威镇三界阁）完工时，罗布林卡宫苑已初具规模。

到了十三世达赖，又得以大规模扩建。他先在沐浴池边修建了竹曾颇章（普陀宫，后改为藏书室），然后又在林区西部修建了金色颇章。这是一组功能各异的建筑群，包括格桑德吉（贤杰幸福宫）、其美曲溪（不灭妙施宫）、乌司康（因四面用玻璃又称玻璃亭）。金色颇章落成后，西区为了区别于东区（仍称罗布林卡）便改称金色林卡。两区之间，以小石门为界。

十四世达赖所建达旦米久颇章（俗称“新宫”），是罗布林卡中最后营建的一座宫殿建筑，于1954~1957年落成。新宫建在东区，在龙王庙北面。新宫区采用了我国传统的庭园处理手法松竹并茂，点石为景。宫内四壁的壁画是以连环画为主要形式的，概述了西藏的历史和佛教典故。

罗布林卡的园林在布局上与内地皇家宫苑大略相同。全园根据功能需要，划分若干景区，每个影区又根据其地形，运用山石、树木、水面、建筑等组成各种景象，创作出不同形式的以自然山水为主题的意境。如湖心宫景区的设计，留有我国造园艺术中“一池三山”的痕迹，再装饰有日月星辰，又有龙宫的意境。

罗布林卡于2001年12月被联合国教科文组织列入《世界遗产名录》（文化遗产）。

杭州西湖

西湖位于浙江省杭州市以西，风景妩媚，三面环山，一泓碧水，以其具有特有的东方艺术风格的巨型山水风景著称于世。早在南宋就已经出现的“西湖十景”，经过历代装点，使湖水、溪泉、山林、洞壑、春华秋实、夏荷冬雪等自然之景与古刹丛林及造园家的雕琢融为一体，正如苏东坡诗里所说：“水光潋滟晴方好，山色空蒙雨亦奇；欲把西湖比西子，淡妆浓抹总相宜。”

西湖景区由一山(孤山）、三岛(阮公

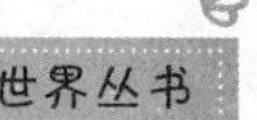

墩、小瀛洲、湖心亭）、三堤(苏堤、白堤、杨公堤）以及新、老“十景”构成(西湖老“十景”有：曲院风荷、断桥残雪、平湖秋月、柳浪闻莺、南屏晚钟、苏堤春晓、雷峰夕照、花港观鱼、双峰插云和三潭印月；新“十景”有：云栖竹径、虎跑梦泉、满陇桂雨、九溪烟树、龙井问茶、阮墩环碧、吴山天风、黄龙吐翠、玉皇飞云和宝石流霞）。其他景点还有保俶挺秀、古塔多情、长桥旧月、湖滨绿廊、花圃烂漫、九里云松、金沙风情、中山遗址、梅坞茶景、西山荟萃、灵隐佛国、太子野趣、植物王国、岳王墓庙等。

杭州是丝绸之府、鱼米之乡，又为吴越古都，人才辈出，留下许多可歌可泣的史实和传诵千古的诗篇，这与西子湖畔许多名胜古迹互为印证。唐宋杰出诗人白居易、苏轼先后在杭州任职时“募民开湖”，兴修水利，并留下许多吟咏西湖的名篇；南宋画家马远和陈清波曾作“西湖十景”的画卷；清康熙、乾隆二帝为十景题字立碑。近代民主革命先驱秋瑾和现代文豪鲁迅的雕像都屹立在西子湖畔。

绍兴兰亭

兰亭位于浙江省绍兴市西南14千米处的兰渚山下，是东晋著名书法家王羲之的寄居处。相传春秋时越王勾践曾在此植兰，汉时设驿亭，故名“兰亭”。这一带有“崇山峻岭，茂林修竹，又有清流激湍，映带左右”，是山阴路上风景佳丽之处。现址为明嘉靖二十七年（1548）郡守沈启重建，后几经反复，于1980年全面修复如初。

兰亭的布局以曲水流觞为中心，四周环绕着鹅池、鹅池亭、小兰亭、流觞亭、墨华亭、玉碑亭、右军祠等。鹅池用地规划优美而富变化，四周绿意盎然，池内常见鹅只成群，悠游自在。鹅池亭为一三角亭，内有一石碑，上刻“鹅池”二字，“鹅”字铁划银钩，传为王羲之亲书；“池”字则是其子王献之补写。一碑二字，父子合璧，乡人传为美谈。流觞亭就是王羲之与友人吟咏作诗，完成《兰亭集序》的地方。东晋穆帝永和九年三月三日，王羲之和当时名士孙统、孙绰、谢安、支遁等41人，为过“修禊日”宴集于此，列坐于曲水两侧，将酒觞置于清流之上，漂流至谁的前面，谁就即兴赋诗，否则罚酒三觞。这次聚会有26人作诗37首。王羲之为之作了一篇324字的序文，这就是有“天下第一行书”之称的王羲之书法代表作《兰亭集序》。兰亭也因此成为历代书法家的朝圣之地和江南著名园林。

小兰亭为一四角碑亭，内有康熙帝御笔“兰亭”二大字的石碑。流觞亭北方有可视为兰亭中心之幽美的八角形“御碑亭”，建于高一层的石台上，亭内御碑高10米、宽3米余，正面刻有康熙临摹的《兰亭集序》全文，背面刻

有乾隆帝亲笔诗文：《兰亭即事》七律诗。亭后有稍微高起的山冈，借景十分优美。

园内东北有安置王羲之像之祠堂“右军祠”，内有一幅王羲之爱鹅构想图，其南有以回廊围绕的方形“墨华池”与墨华亭，周围回廊墙上镶有唐宋以来历代书法名家所书《兰亭集序》之石刻。

在古兰亭的茂林修竹中，建有“兰亭书法博物馆”。该馆占地6000余平方米，其建筑风格和色彩，能与兰亭古建筑融为一体。馆内除收藏和展出古今书法精品外，还设有书艺交流厅，并定期每年在清明节举办书法大会，仿效古人曲水流觞雅事。

兰亭是著名的书法圣地，为省级文物保护单位，国家4A级旅游景区。春秋时越王勾践种兰于此，东汉时建有驿亭，兰亭由此得名。历史上，兰亭原址几经兴废变迁，现兰亭是康熙年间郡守沈启根据明嘉靖时兰亭的旧址重建，基本保持了明清园林建筑的风格。现在的兰亭，融秀美的山水风光，雅致的园林景观，独享的书坛盛名，丰厚的历史文化积淀于一体，以“景幽、事雅、文妙、书绝”四大特色而享誉海内外，是中国一处重要的名胜古迹，名列中国四大名亭之一。

嘉兴烟雨楼

烟雨楼是浙江嘉兴南湖湖心岛上的主要建筑。烟雨楼始建于五代后晋年间（936～947），初位于南湖之滨，明嘉靖二十六年（1547），疏浚市河，所挖河泥填入湖中，遂成湖心岛，次年移楼于岛上，从此这里被称为“小瀛洲”。乾隆曾六下江南，八次登烟雨楼，先后赋诗二十余首，盛赞烟雨楼图。现楼为1918年重建的，素以“微雨欲来，轻烟满湖，登楼远眺，苍茫迷蒙”的景色著称于世。取名于杜牧诗句“南朝四百八十寺，多少楼台烟雨中”。

南湖为浙江四大名湖之一，以烟雨风光著称于世。水面开阔、波光粼粼、淡水碧林相映成画，淫雨霏霏时，湖面薄雾如纱，极富诗意。湖中有湖心岛，上有以烟雨楼为主体的古园林建筑群。烟雨楼重檐飞翼、典雅古朴。楼周围长廊假山、亭阁花台，疏密相间，错落有致。湖中有池，岛中有堤，尽显中国造园艺术风格。

烟雨楼自南而北，前为3间门殿，后有楼两层，高约20米，建筑面积约640余平方米，面阔5间，进深2间，回廊环抱。二层中间悬乾隆御书“烟雨楼”匾额。楼东为青杨书屋，西为对山斋，均3间。东北为一座八角轩，东南为一座四角方亭。西南叠石为山，山下洞穴迂回，可沿石蹬盘旋而上，山顶有六角敞亭，名“翼亭”。楼四周短墙曲栏围绕，四面长堤回环，入口处为“清晖堂”，门外北侧墙上嵌有“烟雨楼”石碑。堂后和烟雨楼正楼东南侧各有一座

乾隆题诗的“御碑亭”。“清晖堂”两侧分别为“菱香水榭”和“菰云簃”。走廊右有“宝梅亭”，内有清代名将彭玉麟画的梅花碑两块。烟雨楼前檐悬董必武所书“烟雨楼”匾额，楼下正厅楹联亦为董必武所书：“烟雨楼台，革命萌生，此间曾着星星火，风云世界，逢春蛰起，到处皆闻殷殷雷。”楼中还有许多石刻，较为著名的有宋代苏轼、黄庭坚、米芾的题刻，元代吴镇竹画刻石，近代吴昌硕所书的墓志铭碑刻等。烟雨楼后，花木扶疏，假山巧峙。假山西北，回廊曲径相连，亭阁错落排列，玲珑精致，各具情趣。

登烟雨楼望南湖景色，别有一番情趣。春天细雨霏霏，湖面上下烟雨朦胧，景色全在烟雾之中；夏日倚栏远眺，湖中接天莲叶无穷碧。湖心岛东南岸，停着一只中型游舫，按当年中共“一大”开会的游舫重建的。